Mathematisch-Physikalische Bibliothek

Unter Mitwirkung von Fachgenossen herausgegeben von

Oberstud.-Dir. Dr. **W. Lietzmann** und Oberstudienrat Dr. **A. Witting**
Fast alle Bändchen enthalten zahlreiche Figuren. kl. 8. Kart. je Mk. 1.—
Doppelband Mk. 2.—.

Die Sammlung, die in einzeln käuflichen Bändchen in zwangloser Folge herausgegeben wird, bezweckt, allen denen, die Interesse an den mathematisch-physikalischen Wissenschaften haben, es in angenehmer Form zu ermöglichen, sich über das gemeinhin in den Schulen Gebotene hinaus zu belehren. Die Bändchen geben also teils eine Vertiefung solcher elementarer Probleme, die allgemeinere kulturelle Bedeutung oder besonderes wissenschaftliches Gewicht haben, teils sollen sie Dinge behandeln, die den Leser, ohne zu große Anforderungen an seine Kenntnisse zu stellen, in neue Gebiete der Mathematik und Physik einführen

Bisher sind erschienen: (1912/25):

Der Gegenstand der Mathematik im Lichte ihrer Entwicklung. Von H. Wieleitner. (Bd. 50.)
Mathematik und Logik. Von H. Behmann. [In Vorb. 1925.]
Der Begriff der Zahl in seiner logischen und historischen Entwicklung. Von H. Wieleitner. 2., durchges. Aufl. (Bd. 2.)
Ziffern und Ziffernsysteme. Von E. Löffler. 2., neubearb. Aufl. I: Die Zahlzeichen der alten Kulturvölker. II: Die Zahlzeichen im Mittelalter und in der Neuzeit. (Bd. 1 u. 34.)
Die 7 Rechnungsarten mit allgemeinen Zahlen. Von H. Wieleitner. 2. Aufl. (Bd. 7.)
Abgekürzte Rechnung. Nebst einer Einführung in die Rechnung mit Logarithmen. Von A. Witting. (Bd. 47.)
Elementarmathematik und Technik. Eine Sammlung elementarmathematischer Aufgaben mit Beziehungen zur Technik. Von R. Rothe. (Bd. 54.)
Finanz-Mathematik. (Zinseszinsen-, Anleihe- und Kursrechnung.) Von K. Herold. (Bd. 56.)
Wahrscheinlichkeitsrechnung. Von O. Meißner. 2. Auflage. I: Grundlehren. (Bd. 4.) II: Anwendungen. (Bd. 33.)
Mengenlehre. Von K. Grelling. (Bd. 58.)
Einführung in die Infinitesimalrechnung. Von A. Witting. 2. Aufl. I: Die Differentialrechnung. II: Die Integralrechnung. (Bd. 9 u. 41.)
Die Determinanten. Von L. Peters. (Bd. 65.)
Unendliche Reihen. Von K. Fladt. (Bd. 61.)
Kreisevolventen und ganze algebraische Funktionen. Von H. Onnen. (Bd. 51.)
Konforme Abbildungen. Von E. Wicke. [U. d. Pr. 1925.]
Vektoranalysis. Von L. Peters. (Bd. 57.)
Der pythagoreische Lehrsatz mit einem Ausblick auf das Fermatsche Problem. Von W. Lietzmann. 3. Aufl. [Ersch. Sommer 1925.] (Bd. 3.)
Methoden zur Lösung geometrischer Aufgaben. Von B. Kerst. 2. Aufl. (Bd. 26.)
Einführung in die Trigonometrie. Von A. Witting. (Bd. 43.)
Ebene Geometrie. Von B. Kerst. (Bd. 10.)
Nichteuklidische Geometrie in der Kugelebene. Von W. Dieck. (Bd. 31.)
Der Goldene Schnitt. Von H. E. Timerding. 2. Aufl. (Bd. 32.)
Darstellende Geometrie. Von W. Kramer. [U. d. Pr. 1925.]
Darstellende Geometrie des Geländes und verwandte Anwendungen der Methode der kotierten Projektionen. Von R. Rothe. 2., verb. Aufl. (Bd. 35 u. 36.)

Fortsetzung siehe 3. Umschlagseite

Springer Fachmedien Wiesbaden GmbH

JACOPO DE BARBARI: Fra Luca Pacioli erklärt dem Herzog Guidobaldo von Urbino ein mathematisches Problem.
(Phot. Anderson, Rom.)

MATHEMATISCH-PHYSIKALISCHE
BIBLIOTHEK
HERAUSGEGEBEN VON **W. LIETZMANN** UND **A. WITTING**
===== 20/21 =====

MATHEMATIK UND MALEREI

VON

DR. PHIL. GEORG WOLFF
STUDIENDIREKTOR IN HANNOVER

MIT 21 FIGUREN UND
35 ABBILDUNGEN IM TEXT
UND AUF 4 TAFELN

ZWEITE, VERBESSERTE AUFLAGE

1925

Springer Fachmedien Wiesbaden GmbH

Additional material to this book can be downloaded from http://extras.springer.com

ISBN 978-3-663-15304-7 ISBN 978-3-663-15872-1 (eBook)
DOI 10.1007/978-3-663-15872-1

SCHUTZFORMEL FÜR DIE VEREINIGTEN STAATEN VON AMERIKA.
© SPRINGER FACHMEDIEN WIESBADEN 1925
URSPRÜNGLICH ERSCHIENEN BEI B. G. TEUBNER IN LEIPZIG 1925

ALLE RECHTE,
EINSCHLIESSLICH DES ÜBERSETZUNGSRECHTS, VORBEHALTEN

Dr. G. J. KERN

DEM VERDIENSTVOLLEN FÖRDERER
DER PERSPEKTIVISCHEN WISSENSCHAFTEN
DEM KÜNSTLER UND FORSCHER

IN VEREHRUNG ZUGEEIGNET

VORWORT ZUR ERSTEN AUFLAGE

Trotz seines geringen Umfanges hat sich dieses Bändchen der Mathematisch.-Physikalischen Bibliothek verschiedene Ziele gesteckt. Einerseits will es sich dem Unterricht dienstbar erweisen, indem es zum erstenmal ein schon oft gepriesenes Anwendungsgebiet der „Angewandten" systematisch behandelt, ein Gebiet, das zugleich ein Bindeglied zwischen der Mathematik und der Kunstgeschichte, welch' letztere wohl heute auf keiner höheren Schule als Stiefkind mehr sich fühlt, bildet. Andrerseits will es dem angehenden Künstler, der trotz Futurismus und Kubismus nicht an der mathematisch-perspektivischen Ausbildung, und sei sie noch so gering, vorübergehen kann, grundlegende, geometrische Winke für seinen zukünftigen Beruf geben. Und schließlich soll gezeigt werden, daß sich der Geschichte der Zentralprojektion in der hier angewandten Experimentalmethode neue Perspektiven öffnen. Es wäre vielleicht erwünscht gewesen, die Entwicklung der zentralen Abbildung etwas ausführlicher zu behandeln. Leider wurde diesem ursprünglichen Plan, für den reichlich Material zur Verfügung stand, durch den begrenzten Rahmen dieses Bändchens Einhalt geboten.

Über die methodische und didaktische Verwendung der Methode der Bilduntersuchungen im Unterricht wird der Aufsatz: „Linearzeichenunterricht und Kunsterziehung", der in Band 47 der Zeitschrift für mathematischen und naturwissenschaftlichen Unterricht (B. G. Teubner) erscheinen wird, Aufschluß geben.

Beim Lesen der Korrektur durfte ich mich der Hilfe der Herausgeber der Math.-Phys. Bibl. erfreuen, wofür ich auch an dieser Stelle herzlich danke. Es ist mir ebenfalls eine angenehme Pflicht, der Verlagsbuchhandlung für die gute Ausstattung, derentwegen sie bei den teilweise neuen Abbildungsversuchen weder Unkosten noch Mühe scheute, verbindlichen Dank auszusprechen.

Betzdorf a. d. Sieg, im Dezember 1915.

G. Wolff.

VORWORT ZUR ZWEITEN AUFLAGE

Die Art der Drucklegung der zweiten Auflage gestattete leider nicht die geplante Umarbeitung und den in Aussicht genommenen Ausbau dieses Bändchens. Die Änderungen haben sich daher auf Verbesserungen des Textes und der Figuren und auf die Berücksichtigung der neueren und neuesten Literatur beschränken müssen.

Durch die in der neuen Reform des Unterrichts geforderten Querverbindungen dürfte der Inhalt dieses Bändchens auch in weiteren Kreisen ein erhöhtes Interesse verdienen.

Hannover, im Juli 1925.

G. Wolff.

INHALTSVERZEICHNIS

Erster Teil.

Allgemeines über die Perspektive in der Malerei

I. Wovon hängt die Wirkung eines Bildes ab?

Seite

A. Das Kolorit 9
B. Die Luftperspektive 12
C. Die Linearperspektive 13
   1. Allgemeines 13
   2. Der Fluchtpunktsatz 15
   3. Zwei Beispiele 18
      a) Studie zu der Anbetung der Könige 18
      b) Hieronymus im Gehäuse 20

II. Die perspektivische Einheit.

A. Augenpunkt und Horizont 22
B. Die Distanz 28
   1. Über ihre Bestimmung und ihre Größe 28
   2. Die Distanzpunkte als Teilungspunkte 30
C. Künstlerische Freiheit 31

Zweiter Teil.

Die Anwendung der Mathematik in der Malerei

I. Untersuchung von Bildern mit Architekturdarstellungen.

A. Die Methode der Rekonstruktion 37
B. Technische Maßregeln 41
C. Besonderer Zweck der Bilduntersuchungen 45
D. Beispiele in geschichtlicher Reihenfolge 48
   1. Das Altertum 48
   2. Die Frührenaissance 55
      a) Italien (Giotto, Lorenzetti, Masaccio, Brunelleschi) · 55
      b) Die Niederlande (van Eyck, Hugo van der Goes) . 62

Inhaltsverzeichnis

2. Die Hochrenaissance 64
   a) Italien (Leonardo da Vinci) 64
   b) Deutschland (Albrecht Dürer) 68

  II. Idealfiguren der Porträtmalerei 78

Schlußbemerkung: Hinweis auf die Beziehung der Mathematik zu den anderen Künsten 81
Literaturverzeichnis 82
Verzeichnis der Abbildungen 84
Namen- und Sachregister 85

Abb. 1. Albrecht Dürer, Perspektive der Laute.

ERSTER TEIL
ALLGEMEINES ÜBER DIE PERSPEKTIVE IN DER MALEREI
I. WOVON HÄNGT DIE WIRKUNG EINES BILDES AB?
A. Das Kolorit.

Ein realistisches Gemälde, das inhaltlich unsere Sympathie erregt, wird dann und nur dann unsere volle Befriedigung hervorrufen können, wenn es sich räumlich von der Erscheinung des Gegenstandes fast gar nicht unterscheidet. Um aber eine naturgetreue Wiedergabe eines Objektes zu erhalten, müssen bei seiner Herstellung grundlegende Gesetze der Farben-, der Licht- und Schatten-, insbesondere der Raumwirkung zur Anwendung gebracht worden sein. Nehmen wir z. B. an, daß ein Maler eine Landschaft malt, so muß er durch Anlegen

10 I. Teil. Allgemeines über die Perspektive in der Malerei

Abb 2 Albrecht Dürer, Perspektive der Vase.

verschiedener Farbentöne das Kolorit, die Farbengesamtwirkung zu erreichen versuchen. Die Farbenwirkung aber setzt einerseits bis zu einem gewissen Grade die Kenntnis der chemischen und technischen Eigenschaften der verwendeten Einzelfarben, andererseits ihre optische Wirkung an sich und die Lichtwirkung der Landschaft als Ganzes voraus.

Freilich sind auch die Chemie und mit ihr die Physik der Farben nicht von heute auf morgen zu jener Vollkommenheit herangewachsen, von der wir in der Kultur des Tages reden hören. Die alten Gemälde aus Pompejis glorreichen Tagen sind meist Fresken, die auf nassem Kalk aufgetragen und dann mit Wachs überzogen wurden. In der italienischen Malkunst, die in der Renaissance ihren Höhepunkt erreichte, kamen jedoch Farben auf, die in Harz oder Eiweiß sich mischten, und die nach dem lateinischen Wort für mischen (= temperare) Temperafarben genannt wurden. Man unterschied je nach der Zusammensetzung Eiweiß- oder Harztempera. Die Temperatechnik wurde im späteren Mittelalter durch die Öltemperatechnik grundlegend verbessert. In dieser Technik haben wir den Grundstock für die ganze Ölmalerei zu suchen.

Alles in allem jedoch war die italienische Maltechnik schon aus dem Grunde recht rückständig, weil das monochromatische Prinzip noch vorherrschte, d. h. es wurde jeder Gegenstand und sein Schatten je mit einer Grundfarbe, auch Lokalfarbe genannt, angelegt: man vertrat noch den Standpunkt, daß hell und dunkel durch zwei verschiedene Farben an einem Gegenstand darzustellen seien. Daß man unter

Kolorit 11

solchen Umständen niemals die Feinheiten in der Beleuchtung von Körpern bildlich entwickeln konnte, ist selbstverständlich.

Eine große Umwälzung auf diesem Gebiete brachten die beiden größten niederländischen Maler im 15. Jahrhundert, die Brüder *Hubert* (1370—1426) und *Jan* (1390—1441) *van Eyck* hervor. Ihnen gelang es, die Technik der Ölfarben so zu vervollkommnen, daß man verschiedene Helligkeitsgrade mit derselben Lokalfarbe aber in verschieden abgestuften Grundtönen zum Ausdruck bringen, daß man auch reflektiertes und durchgelassenes Licht durch bestimmte Farbtöne kennzeichnen konnte. Zweifellos haben sich daher die beiden Niederländer recht große Verdienste um die Entwicklung der Farbentechnik erworben, aber es geht allerdings zu weit, wenn man sie, wie oft geschieht, als die „Erfinder der Ölmalerei" preist. Was sie geleistet haben, ist eine wertvolle Verbesserung der malerischen Darstellung. Es sei jedoch schon an dieser Stelle hervorgehoben, daß die beiden Künstler auch

Abb. 3. Albrecht Dürer, Der Porträtdurchzeichner.

12 I. Teil. Allgemeines über die Perspektive in der Malerei

die Malerei auf einem anderen Gebiet, von dem wir noch hören werden, bedeutend gefördert haben.

B. Die Luftperspektive.

Was die Optik der Farben angeht, so gründet sie sich hauptsächlich auf den für die Photometrie bedeutungsvollen Satz von der Intensität der Beleuchtung, der von *Lambert* (1728—1777) zuerst folgendermaßen formuliert wurde:

Die Beleuchtungsstärke paralleler Flächen ist umgekehrt proportional dem Quadrate der Entfernung von der Lichtquelle (Fig. 1).

Je weiter demnach ein Gegenstand vom Gesichtsfeld entfernt ist, desto lichtschwächer muß er auf dem Bilde dargestellt werden. Demgemäß müssen die Licht- und Schattenwirkungen im Vordergrund des Bildes intensiver sein als im Mittelgrund und hier wieder heller als im Hintergrund, wobei ein schroffer Übergang vermieden werden muß. Da die Farbenwirkung auch von der Stärke und der Art der Luftschicht abhängt, die zwischen dem Auge und dem Gegenstand sich befindet, spricht man von *Farben-, Ton-* oder *Luftperspektive*. Sie wird sich daher mit den Gesetzen der Lichtstärke, der Reflexion, der Brechung und mit der Veränderung der Farbenwirkung je nach dem Beleuchtungsgrad und der Art der Lichtquelle zu befassen haben. Denn, daß ein Himmel, der von Italiens Sonnenstrahlen erhellt wird, anders dargestellt werden muß als z. B. der Himmel, wie man ihn im Herbst von dem nebelumwobenen Brocken beobachtet, ist ohne weiteres ersichtlich. Wie aber die Veränderung der Farbe durch die mit den verschiedensten Dünsten der Atmosphäre geschwängerte Luft im Bilde darzustellen ist, das muß sich aus der Luftperspektive in jedem einzelnen Fall ergeben, da sich Regeln für alle Fälle unmöglich angeben lassen. Schließlich wäre auch noch die Formwirkung in ihrer Abhängigkeit von der Beleuchtung zu erwähnen, denn mit der Entfernung nehmen die Konturen in der Schärfe ab; sie werden verschwommen,

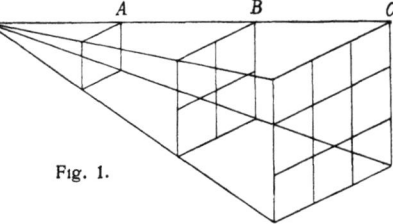

Fig. 1.

Abb. 4. Albrecht Dürer, Die Glastafelmethode.

bis dann der Umriß und die Gestalt sich immer mehr ins Wesenlose verlieren.

C. Die Linearperspektive.

1. Allgemeines. Ebenso wichtig als die Kenntnis der Farbentechnik und Luftperspektive ist für das malerische Erfassen des Bildes die Berücksichtigung der Tatsachen, daß die Gegenstände bei dem binokularen Sehen kleiner werden, je weiter sie vom Auge sich entfernen, und daß parallele Geraden sich in einem Punkt zu vereinigen scheinen, kurzum, daß das realistische Gemälde ein perspektivisches Bild des Gegenstandes ist. Albrecht Dürer, der erste deutsche Maler, der sich mit den Beziehungen zwischen Mathematik und Malerei (vgl. S. 72) wissenschaftlich beschäftigte, hat in verschiedenen Kupferstichen wie: „Perspektive der Laute" (Abb. 1), „Perspektive der Vase" (Abb. 2), „Der Porträtdurchzeichner" (Abb. 3) und „Die Glastafelmethode" (Abb. 4) die Tatsache der perspektivischen Verwandtschaft zwischen Bild und Original anschaulich zum Ausdruck gebracht. Wenn also die Bilddarstellung dem Sehbild bis zu einem gewissen Grade entspricht oder entsprechen soll — wenngleich ja das Bild im Auge nicht auf einer ebenen, sondern auf einer konkaven Fläche, der Netzhaut, entwor-

14 I. Teil. Allgemeines über die Perspektive in der Malerei

Abb. 5 Mittelrheinisch: Der Paradiesgarten (Phot. Bruckmann, München)

fen wird, wovon im folgenden abgesehen werde — so müssen auch bis zu einem gewissen Grade für die Malerei die Gesetze des optischen Sehens, der Linearperspektive Geltung haben, die auf dem sicheren Fundament der mathematischen Wissenschaft ruhen. Nicht immer haben die Maler die perspektivische Eigenschaft des Sehvorgangs beachtet, und auch darin hat das 15. Jahrhundert, das Quattrocento, Wandel geschaffen. Wie bedeutungsvoll die mathematische Technik für die Raumwirkung ist, zeige das obenstehende Bild aus dem Jahre 1420 (Abb. 5). Der mittelrheinische Maler hat entgegen jeglicher natürlichen Erscheinung die Menschen im Hintergrund groß, im Vordergrund klein dargestellt. Die Tischplatte ist nicht wagerecht, sondern vertikal wiedergegeben, und die sich auf ihr befindenden Gegenstände scheinen nicht sicher zu stehen. Das Becken links hat schiefe Wände. Auch die Stellung der Menschen und ihrer Gliedmaßen entspricht durchaus nicht dem natürlichen Eindruck. Die mittelalterliche Kunst, die der italienischen Frührenaissance, die altniederländische und die altdeutsche Malerei liefern reiches Material für die Untersuchung eines Kunstwerks mit Hilfe mathematischer

Gesetze, wobei freilich hinsichtlich der ästhetischen Würdigung zu bedenken ist, daß die Kunst des Mittelalters nicht oder doch nur in sehr beschränktem Maße die realistische Wiedergabe des Gesichtsbildes erstrebte.

2. **Der Fluchtpunktsatz.** Welches sind nun die Gesetze der Zentralperspektive, die der Maler, „der der Natur folgt", zu beachten hat? Von wesentlicher Bedeutung ist eigentlich nur ein einziger Satz, der sogenannte Fluchtpunktsatz: *Die verschiedenen Gruppen paralleler Linien am Gegenstand konvergieren im Bilde je nach einem Punkt, der Fluchtpunkt genannt wird.*

Um diesen Satz zu zergliedern, müssen wir einen kleinen Exkurs in die Praxis der Perspektive machen. In Figur 2 bedeutet die horizontale Ebene E_g die *Gegenstandsebene*, in oder auf welcher sich die Objekte befinden können. Diese Objekte sollen in die dazu senkrechte *Bildebene* E_b von dem Auge O aus abgebildet werden. Ist z. B. der auf E_g senkrecht stehende Pfeil PQ in die Ebene E_b zentral zu projizieren, so bringt man nach der üblichen Methode (Fig. 2) die Sehstrahlen OP und OQ mit der Ebene E_b zum Schnitt, indem man den Punkt R der *Achse* zu Hilfe nimmt und erhält so die Projektion $P'Q'$. Von Wichtigkeit ist es sehr oft, welcher Teil des Bildes über der durch das Auge O gelegten horizontalen Ebene liegt und welcher unter ihr. Der Schnitt dieser Ebene OBC mit E_b wird der *Horizont* genannt; es befindet sich dann $R'P'$ über

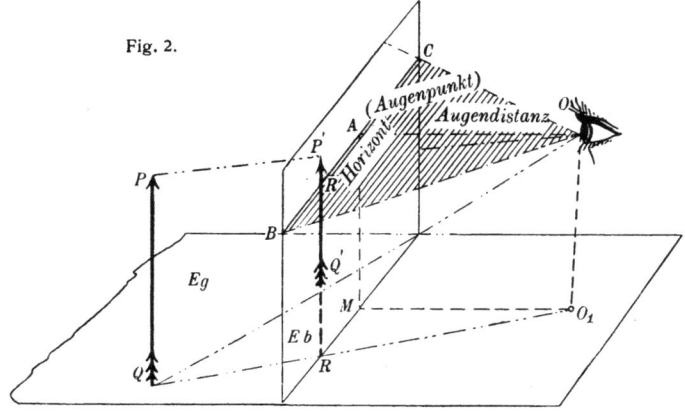

Fig. 2.

16　I. Teil. Allgemeines über die Perspektive in der Malerei

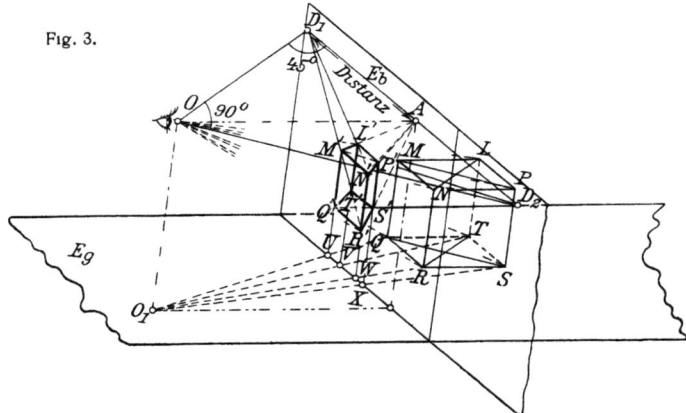

Fig. 3.

dem horizontalen Blickfeld und $R'Q'$ unter ihm. Die Größe und die Lage des Bildes hängt von der Stellung des *Auges* oder *Zentrums* O ab. Sein Abstand von der Bildebene, die *Augendistanz* OA oder kurz *Distanz*, ergibt sich als das Lot von O auf E_b, welches den Horizont in dem *Augenpunkt, Augpunkt* oder *Hauptpunkt* A trifft.

Durch diese Betrachtungen vorbereitet, wollen wir daran gehen, den Fluchtpunktsatz in Einzelsätze zu zerlegen, die uns die Regeln angeben sollen, die der Maler bei der Darstellung architektonischer Gebilde — natürlich nicht bei reinen Porträts — eigentlich zu befolgen gezwungen ist. Zu dem Zweck soll ein Würfel *LMNP, TQRS*, der sich mit der Grundfläche in der Gegenstandsebene E_g (Fig. 3) mit einer Kante parallel der Bildebene E_b befindet, von dem Auge O aus in die Bildebene abgebildet werden. Die für das Bild sich ergebenden Grundgesetze, die wir zwar an einem speziellen Fall ableiten, wollen wir sofort in allgemeingültiger Form in Worte kleiden.

Nach der für den Würfel (Fig. 3) angenommenen Stellung stehen die Kanten:

a) *ML; NP; RS; QT* senkrecht zur Bildebene, hingegen sind die Würfelkanten:

b) *RQ; NM; PL; ST* zur Bildebene E_b parallel.

Zur Abbildung des Würfels vom Zentrum O (Auge) aus bedienen wir uns der in der vorigen Figur entwickelten Abbildung, die wir auf die zur Gegenstandsebene E_g senkrecht

stehenden Kanten MQ, NR, SP, TL anwenden. Es genüge, die Konstruktion für die Kante MQ anzugeben, da sich die Projektion der anderen drei Kanten daraus ebenso ergibt:
1. Den Augpunkt A findet man als senkrechte Projektion des Auges O auf die Ebene E_b. Die Parallele durch A zur Achse nennt man den Horizont.
2. O_1 ist die Projektion von O in E_g.
3. Man verbindet O_1 mit Q und erhält als Schnitt dieser Geraden mit der Achse den Punkt U.
4. Zieht man OM und OQ, so schneiden diese Sehstrahlen die Senkrechte in U auf der Achse in der Bildebene in den Bildern M' und Q'.

Wenn alle acht Eckpunkte in dieser Weise abgebildet sind, so zeichne man die Kanten des Bildwürfels, und man findet, daß die Bilder der sogenannten *Tiefenlinien* oder der *Orthogonalen*:

a) $M'L'$; $N'P'$; $R'S'$; $Q'T'$ durch den Augenpunkt A gehen, und daß die Geraden

b) $R'Q'$; $N'M'$; $L'P'$; $S'T'$ unter sich und dem Horizont parallel laufen. Dieses Ergebnis, das einen fundamentalen Satz in der Perspektive der Malerei bildet, können wir folgendermaßen formulieren:

1. Satz: *Der Fluchtpunkt der Tiefenlinien ist der Augenpunkt.*

2. Satz: *Alle zur Bildebene parallelen, wagerechten Geraden des Gegenstandes haben im Bilde dieselbe Richtung wie der Horizont. Ihr Fluchtpunkt liegt im Unendlichen.*

Und noch mehr können wir aus dieser einfachen Figur lernen! Wenn man die Zentralprojektionen der parallelen Flächendiagonalen $L'N'$; $R'T'$ und $M'P'$; $Q'S'$ verlängert, so findet man, daß sie sich in den Punkten D_1 und D_2 des Horizontes treffen. Diese Tatsache drückt sich in folgenden Worten aus:

3. Satz: *Die Fluchtpunkte wagerechter paralleler Geraden, die keine Tiefenlinien sind, liegen auf dem Horizont.*

Nun aber bilden die Flächendiagonalen mit den Seitenflächen und infolgedessen auch mit der Bildebene Winkel von 45° bzw. 135°. Wie ein einfaches Nachmessen ergibt, ist

$$AD_1 = AD_2.$$

18 I. Teil. Allgemeines über die Perspektive in der Malerei

Da wir die ganze Figur in schiefer Parallelprojektion dargestellt haben, repräsentieren sich diese Linien in der Verkürzung. Die einfache zeichnerische oder rechnerische Umgestaltung in die wahre Länge zeigt aber, daß

$$AD_1 = AD_2 = OA = \text{der Distanz}$$

ist Aus diesem Grunde werden die Punkte D_1 und D_2, die also die Stellung des Auges vor einem Bilde oder Gemälde indirekt angeben, *Distanzpunkte* genannt.

Fassen wir auch dieses Ergebnis kurz zusammen:

4. Satz: *Die Fluchtpunkte aller Gruppen wagrechter Geraden, die mit der Bildebene Winkel von 45^0 bzw. 135^0 bilden, sind die Distanzpunkte.*

Überblicken wir noch einmal das Gesagte, so erkennen wir, daß sich der Maler beim Entwurf eines Bildes in erster Linie an die wagrechten Linien halten wird, unter denen er die besonders bevorzugen wird, die mit der Bildebene Winkel von 90^0, 45^0 und 0^0 bilden. Was nun die parallelen Bündel steigender oder fallender Geraden angeht, so kann man von ihnen allgemein nur das eine sagen, daß ihre Fluchtpunkte über oder unter dem Horizont liegen.

3. **Zwei Beispiele.** a) Studie zu der Anbetung der Könige (Leonardo da Vinci). Nicht alle Maler haben, wie schon erwähnt, die Gesetze der Perspektivität befolgt. Italien, das in der Entwicklung der Kunst eine führende Rolle gespielt hat, ist an der Förderung der perspektivischen Regeln in der Malerei, vor allem in der sogenannten Frührenaissance (etwa 1300—1470) tätig gewesen, bis die Perspektive in der italienischen Hochrenaissance (etwa 1470—1550) zu einer ganz besonders hohen Blüte gelangte. Unter den Malern dieser Zeit verdient an erster Stelle der Italiener Leonardo da Vinci (1452—1519) erwähnt zu werden, ein Mann, der nicht nur als Maler außerordentlich vielseitig war, sondern der auch als Bildhauer, Architekt, Ingenieur, Physiker, Astronom und Musiker höchst Bedeutendes geleistet hat. Auch in der Mathematik wird sein Name, wegen einer Arbeit über die Perspektive: „Trattato della pittura", unvergänglich sein, die von H. Ludwig unter dem Titel: Das Buch von der Malerei (Wien 1882) herausgegeben worden ist.

Neben seinem Abendmahl, auf das wir noch zurückkommen

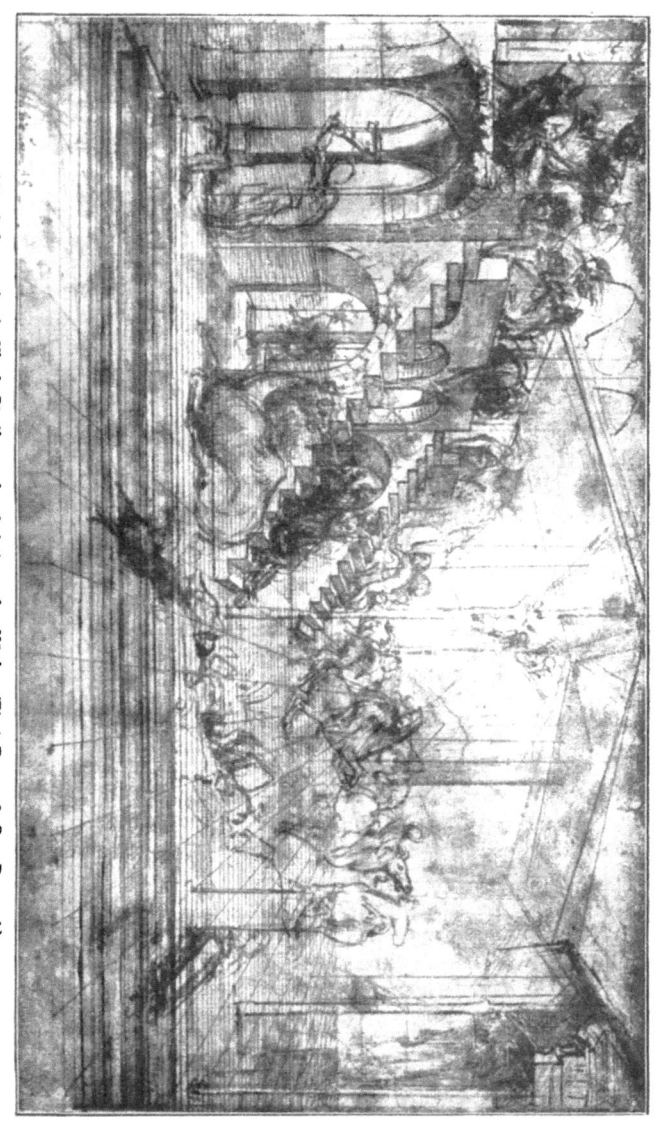

Abb. 6. Leonardo da Vinci, Studie zu der Anbetung der Könige (Phot. Braun & Co., Dornach).

werden, genießt das Altargemälde: Die Anbetung der Könige, das sich in der berühmten Gemäldegalerie: Die Uffizien in Florenz befindet, einen guten Ruf. Mehrere Studien, die er zu diesem Bilde gemacht hat, sind der Nachwelt überblieben. Kühnel sagt in seinem Buch: Leonardo da Vinci (Velhagen & Klasing, Bielefeld) darüber: „Die Federstudien, die uns zu einzelnen Details dieser Anbetung erhalten sind, gehören zum Vollendetsten, was Leonardos Zeichenkunst vermocht hat."

Eine dieser Studien liegt in der Abb. 6 vor. Sie soll ein Beispiel dafür sein, wie der Maler von den Gesetzen Gebrauch macht, die wir im vorigen Abschnitt kennengelernt haben. Die zahlreichen Tiefenlinien des Fußbodens in dem Hauptraume des Bildes sowie in dem Nebenraume links streben alle dem Augenpunkt zu. Mit Leichtigkeit kann man die Zahl der Tiefenlinien vermehren. Man braucht nur das Lineal zur Hand zu nehmen, um zu sehen, daß die Kanten der Treppen, der Mauern, der Säulenansätze auf der linken Seite und die wenigen Kanten der unfertigen rechten Seite sowie die Haupttiefenlinien an der Decke nach dem Augenpunkt gerichtet sind (Satz 1).

Auch hinsichtlich der der Bildebene parallelen Geraden hat Leonardo die Vorschriften der Mathematik befolgt. Alle diese Geraden, wie wir sie in der Hauptsache am Fußboden finden, laufen parallel. Aber nicht nur sie! Die seitlichen Kanten der Treppen, die Ansätze an den Säulen und an den Mauern, sie alle besitzen dieselbe Richtung.

Für die 45^0-Linien können wir in diesem Bilde kein Beispiel nachweisen, wohl aber für die fallenden parallelen Linien, wie wir sie links und rechts von der Mitte der Decke erblicken. Ihre Verlängerungen schneiden sich unter dem Horizont, der in diesem Entwurf weggelassen ist, dessen Einzeichnung aber nunmehr keine Schwierigkeiten bereitet.

b) Hieronymus im Gehäuse (Albrecht Dürer). Nicht lange, nachdem die Perspektive bei den italienischen und niederländischen Malern bereits eine gewisse Vollkommenheit erreicht hatte, wurde sie in Deutschland durch den Nürnberger Künstler Albrecht Dürer (1471—1528) eingeführt.

In Dürers Werken ist deutlich der wichtige Zeitabschnitt zu erkennen, wo er sich in dem technischen und ästhetischen Empfinden der Malerschule Italiens anschloß. Ein Werk seiner

Linearperspektive 21

späteren Zeit, zu dem er sich durch mehrere noch erhaltene Entwürfe durchgerungen hat, ist der Stich „Hieronymus im Gehäuse", den wir in der Abbildung 7 vor uns sehen. Diesmal sind

Abb. 7.
Albrecht Dürer,
Hieronymus im Gehäuse

wir nicht in der glücklichen Lage gewesen, die perspektivischen Linien bereits im Bilde vorzufinden, sondern wir haben sie erst einzeichnen müssen. Natürlich gingen wir von den Tiefenlinien dieses Kupferstiches aus, indem wir sie in ihrer Verlängerung verfolgten. Alle Tiefenlinien konnten unmöglich eingezeichnet werden; es wurde nur eine beschränkte Zahl, wie: die Tischkanten, Wandbankkante, Steinkanten von links, Fensterkanten und Deckenlinien herausgegriffen. Diese geringe Zahl aber lehrt schon, daß alle Tiefenlinien wohlbedacht so angelegt sind, daß sie nach dem Augenpunkt A, der sich rechts auf der Holzverschalung der hinteren Wand befindet, verlaufen.

Hinsichtlich der bildparallelen Linien hatte man Beispiele an dem Fußboden vorn, an den Tischkanten, den Deckenbalken, dem Pult, den Wandbrettern usf. Sie also gaben die

Richtung des Horizontes an, der nunmehr leicht durch den Augenpunkt gelegt werden konnte.

Das Neue aber, das wir an diesem Bilde lernen wollen, ist, daß wir, nach Satz 4, auch die Augendistanz in dem Bilde konstruieren können. Der Tisch nämlich hat eine quadratische Tischplatte, deren Diagonalen in der Verlängerung den Horizont in den Punkten F_1 und F_2 so schneiden, daß

$$AF_1 = AF_2$$

ist. Wenn wir demnach den Punkt bestimmen wollen, von dem aus der Maler dieses Bild betrachtet wissen will, so brauchen wir nur in A auf der Bildebene eine Senkrechte, die gleich AF_1 bzw. AF_2 ist, zu errichten.

Und noch etwas anderes muß hier Erwähnung finden. Die rechts vom Tisch schiefstehende Bank enthält Linien, deren Fluchtpunkte auch F_1 und F_2 sind.

II. DIE PERSPEKTIVISCHE EINHEIT

Die Befolgung der Gesetze der Linearperspektive wird zwar immer eine räumliche Illusion hervorrufen, aber diese wird nicht allemal unserem ästhetischen Gefühl entsprechen. Damit ein Bild unser Wohlgefallen erregt, damit es unseren Schönheitssinn befriedigt, muß es in der formalen Anlage bestimmten Voraussetzungen genügen. Diese Voraussetzungen knüpfen sich an den perspektivischen Entwurf, also an die Lage von Augenpunkt, Horizont und an die Größe der Distanz. Unerläßlich ist fast immer, daß die perspektivische Einheit gewahrt bleibt, d. h. daß das ganze Bild einen Augenpunkt, einen Horizont und eine Distanz aufweist. In welcher Weise die Teile dieser Einheit zur künstlerischen Gesamtwirkung, jeder in seiner Art, beitragen, das soll Gegenstand der folgenden Betrachtung sein.

A. Augenpunkt und Horizont.

Je nach der Lage des Punktes, von dem aus ein Objekt betrachtet wird, muß es auf den Beschauer einen verschiedenartigen Eindruck machen. Aus allen diese Eventualitäten hat der Maler, wie das Lessing schon in seinem Laokoon erörtert hat, die herauszusuchen, die dem gefühlsmäßigen Erfassen, dem ästhetischen Empfinden am meisten entsprechen. Allgemeine Regeln lassen sich demgemäß für die Lage des

Augenpunkt und Horizont 23

Auges im Raume oder des Augenpunktes und des Horizontes in der Bildebene nicht geben. So viel steht aber fest, daß gewöhnlich der Augenpunkt am besten in einer der Manneshöhe (Augenhöhe oder Scheitelhöhe) gleichkommenden Lage angenommen wird um den natürlichen

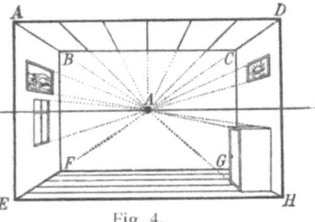

Fig. 4.

Eindruck unseres räumlichen Denkens und Fühlens hervorzurufen. Es braucht, wie gesagt, der Augenpunkt nicht immer in dieser Höhe zu liegen, denn seine Lage hängt auch davon ab, welche Wirkung beabsichtigt ist, aber die zu tiefe oder

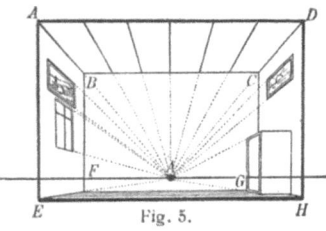

Fig. 5.

zu hohe Lage wird meist nachteilig wirken. Wenn ein Bild wie z. B. das Zimmer der Fig. 4, so angelegt ist, daß der Augenpunkt in der Höhe eines stehenden Mannes liegt, so wird der Innenraum am ehesten das Gefühl der Wirklichkeit erwecken. Liegt jedoch das Bildzentrum, wie in der Fig. 5, in demselben Raume in der Tiefe (*Froschperspektive*), so erscheint der Fußboden zu kurz im Vergleich zur Breite der Decke, und die Gegenstände rufen in uns einen Konflikt der Raumvorstellungen wach. Der Entwurf der Fig. 6, der den Augenpunkt hoch im Raume angenommen hat — die sogenannte *Kavalierperspektive* — zeigt, wie das Bild geradezu verletzend auf unsere Raumidee wirkt. Noch verzerrter würde das Bild werden, wenn wir den Augenpunkt noch höher legen würden, d. h. in die *Vogelperspektive* übergingen.

Man hat häufig der Symmetrie bei der Anlage eines Bildes das Wort geredet. Wie man auf der Schule lernt, unterscheidet man zwei Arten der Symmetrie, nämlich die axiale und die zentrische. Eine Figur ist axial symmetrisch, wenn sich ihre Teile bei der Drehung um eine Gerade um 180^0, die Achse ge-

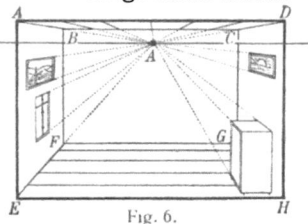

Fig. 6.

24 I. Teil. Allgemeines über die Perspektive in der Malerei

Fig. 7.

nannt wird, decken. So ist ein Quadrat axial symmetrisch in bezug auf jede Diagonale und jede der beiden Mittellinien; Blätter (Fig. 7) sind mehr häufig in bezug auf den Hauptnerv symmetrisch — eine Ausnahme bildet z. B. das Blatt der Bohne.

Ein besonderer Fall der axialen Symmetrie ist die zentrische Symmetrie. Sie tritt ein, wenn z. B. eine Figur gleichzeitig in bezug auf zwei Achsen symmetrisch ist, wie z. B. das Quadrat, das Rechteck usf. In diesem Falle gibt der Schnittpunkt der Achsen ein sogenanntes Zentrum an von der Eigenschaft, daß jede durch diesen Punkt gelegte Gerade der Figur in diesem Punkt halbiert wird.

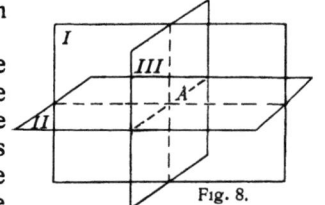

Fig. 8.

Für den Raum gilt die Symmetrie in sinngemäßer Übertragung. Wie die Fig. 8 erkennen läßt, kann eine Symmetrie in bezug auf Ebene I, als auch in bezug auf die wagrechte Ebene II, als auch in bezug auf die Tiefenbene III, als auch in bezug auf zwei, schließlich auch bezüglich dreier Ebenen eintreten. Von allen diesen Möglichkeiten ist der letzte Fall, also die zentrische Symmetrie des Raumes, in der bildlichen Architekturdarstellung auszuschließen, während die bildliche Spiegelung hinsichtlich der Tiefenebene III einen besonderen Vorzug genießt. Man hat oft behauptet, daß diese *Links-Rechts-Symmetrie*, die in dem Tierreich (Fig. 8a) eine besondere Rolle spielt, auf den Beschauer durch das archimedische Gleichgewicht den Eindruck der Besonnenheit, des Erhabenen, der Ruhe und des Ernstes ausübt.

Für die Bildebene bedeutet die Beobachtung der perspektiv-symmetrischen Darstellung, daß der Augenpunkt in dem Mittelpunkt des Horizontes gelegen ist, und daß der formale Raum sich hinsichtlich der Vertikalen als Symmetrieachse, jener Linie, die auf dem Horizont im Augenpunkt senkrecht steht, und der dieselben Eigenschaften in der vertikalen Richtung zukommen, die wir vom Horizont in der horizontalen kennen lernen durften, quasi spiegelt.

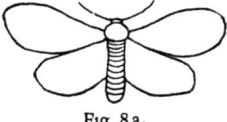

Fig. 8a.

Symmetrische Gemälde werden, da

der Bildpunkt in die Mitte zu liegen kommt, immer eine Frontansicht liefern, ganz im Gegensatz zu den weniger beliebten „Schrägansichten", bei denen sich der Augenpunkt seitwärts befindet. Diese Darstellung genießt im allgemeinen nicht den Vorzug vor jener, denn bekanntlich stellt man sich nicht in die Ecke, wenn man einen Raum beurteilen, man tritt gewöhnlich nicht zur Seite, wenn man das Gesamtbild eines Objekts in sich aufnehmen will.

Ein Künstler, der nicht zum wenigsten durch seine symmetrische Bilddarstellung heute noch zu den ersten Monumentalmalern zählt, ist der Italiener Raffael (1483—1520), der in seinen glänzenden Werken wie „Die Schule von Athen" (S. 18), die „Disputa del Sacramento", die „Heilige Cäcilie" u. a. Zeugnis davon ablegt, in welchem Maße die richtige mathematische Perspektive inhaltlichen Wert zu haben fähig ist. Welchen geradezu klassisch-gewaltigen Eindruck macht seine „Schule von Athen" (Abb. 8). Und diese Wirkung verdankt man hauptsächlich der Harmonie der Anordnung der Gestalten. In der Mitte Plato und Aristoteles. Zu ihren Seiten rechts und links die Physiker und Dialektiker. Auf der Treppe, den Raum ausfüllend, sitzt der halbnackte Diogenes. Und im Vordergrunde links erblickt man neben den Musikern und Sprachlern die Zahlentheoretiker, unter denen Pythagoras gerade im Sitzen ein Buch schreibt, während rechts unter den Astronomen und Geometern Ptolemäus, mit einer Krone auf dem Haupte, hervorragt. Es sei aber hier schon erwähnt, daß der Sockel im Vordergrund, auf den Heraklit sich stützt, „unrichtig" eingezeichnet ist, was vielleicht dadurch seine Erklärung findet, daß er erst nachträglich eingeschaltet wurde.

Leonardos Bedeutung als Perspektiviker wurde bereits gestreift. In seinem berühmten Abendmahl, das er auf eine Wand im Refektorium des Klosters Santa Maria delle Grazie malte, und das die tiefe Erschütterung der Worte des Herrn (Matth. 26, Vers 21): „Einer unter euch wird mich verraten" auf seine Jünger schildert, hat er den Augenpunkt in den Kopf des Heilands, also genau in den Mittelpunkt gelegt.

Von Paolo Veronese (1528—1588), der sich u. a. auch „Problemen der Perspektive und der Lichtbehandlung" zugewandt hat, verdient sein Bild „Christus bei den Zöllnern" an dieser Stelle erwähnt zu werden.

Abb. 8. Raffael, Die Schule von Athen (Phot. Hanfstaengl, München).

Freilich haben wir schon in dem Beispiel Albrecht Dürers (Abb. 7) gesehen, daß nicht allein die Frontansicht — abgesehen von der motivistischen Verteilung — das Gefühl des Beschaulichen in sich birgt. Der Hieronymus bildet eine klassische Ausnahme. Dadurch, daß der Künstler den Augenpunkt so weit rechts verlegt hat, hat er nur einen unsymmetrischen Teilraum dargestellt. Der greise Gelehrte gleicht bei seiner ruhigen Gelassenheit, mit der er an der Arbeit sitzt, aber aus, was dem Raum an Ruhe und Würde fehlt. Herrscht nicht ernste Stille und stiller Ernst im ganzen Raum?

Der Horizont hat als Schnittlinie der Ebenen I und II (Fig. 8) sowohl eine Bedeutung für die Höhe des Blickfeldes als auch für die Tiefenwirkung, zwischen denen eine funktionale Abhängigkeit wahrzunehmen ist. Als geometrischer Ort der Fluchtpunkte wagrechter Geraden oder, was dasselbe ist, als Grenzlinie der Fluchtpunkte steigender und fallender Linien im Raume, gilt von ihm dasselbe, was über die Höhe des Augenpunktes bereits Erwähnung fand. Je nachdem jedoch der Horizont niedrig oder hoch gewählt ist, wird eine größere Entfaltung des Fußbodens oder der Decke entstehen (Fig. 5 u. 6), wohingegen die Lage des Augenpunktes in der Mitte eine gleichmäßige harmonische Verkürzung bewirkt. Landschaften werden gewöhnlich einen relativ hoch gelegenen Augenpunkt besitzen müssen, während zur bildlichen Entwickelung von Bauwerken die normale Lage vorzuziehen ist. Immer wieder sei erwähnt, daß alle diese Auseinandersetzungen keine Norm abgeben können, denn dafür spielt das gefühlsmäßige Erfassen in der Malerei eine zu einschneidende Rolle.

Um ein Bild mit den räumlichen Empfindungen aufzunehmen, die der Maler hat hineinlegen wollen, ist es von Wert, daß es einerseits möglichst in der Augenhöhe betrachtet wird, in der es gemalt wurde. Infolgedessen wäre es eigentlich nötig, daß in den Bildergalerien die Gemälde in ihren Durchschnittsaugenhöhen aufgehängt würden. Theoretisch behandelt müßte in den Museen eine Mechanik angebracht werden, die es jedem Besucher ermöglichte, etwa durch Drücken auf einen Knopf, das Bild in seiner Augenhöhe einzustellen.

Andererseits müßte der Beschauer senkrecht von dem Augenpunkt — diese Einstellung geschieht gefühlsmäßig — seine Stellung so eingenommen haben, daß das Auge in die

Sehweite zu liegen kommt. Zu diesem Zweck aber müßte man die Distanz eines Bildes kennen. Wie diese Augenentfernung aus dem Bilde bestimmt werden kann, und von welcher Tragweite sie für die Kunstästhetik ist, das soll im folgenden Abschnitt Gegenstand der Betrachtung sein.

B. Die Distanz.

1. Über ihre Bestimmung und ihre Größe. Wir greifen auf die Fig. 3 der Seite 8 zurück. Indem wir uns ins Gedächtnis zurückrufen, daß die Augendistanz OA, die senkrecht zur Bildebene E_b steht, gleich den Strecken AD_1 und AD_2 ist, erkennen wir, daß die Dreiecke OAD_1 und OAD_2 rechtwinklig-gleichschenklig sind, und daß infolgedessen der Winkel D_1OD_2 90^0 betragen muß. Daraus erhellt aber, daß die Sehstrahlen nach D_1 und D_2 parallel zu den Diagonalen MP, QS und NL, RT laufen, die entsprechend ebenfalls senkrecht zueinander stehen. Wir können daher allgemein sagen:

5. Satz: *Stehen wagrechte Geraden senkrecht aufeinander, so bilden die Sehstrahlen nach den Fluchtpunkten einen rechten Winkel; außerdem gehen sie den entsprechenden Objektgeraden parallel.*

Es kann auch der Fall eintreten, daß die Objektgeraden einen beliebigen Winkel φ miteinander bilden. In diesem Fall schließen die Verbindungslinien des Augenpunktes mit ihren Fluchtpunkten ebenfalls den Winkel φ ein.

Legen wir den Punkt O der Figur 3, drehend um A, in die Bildebene E_b nach unten, so ergeben sich für das umgelegte Zentrum O' folgende geometrische Örter in den verschiedenen hier allgemein ausgesprochenen Fällen:
1. die Senkrechte auf h in A (Fig. 9),
2. der Halbkreis über den Fluchtpunkten rechtwinkliger Geraden (Satz von Thales), (D_1 und D_2; F_1' und F_2'),
3. der Kreisbogen über den Fluchtpunkten, der den Winkel der Geraden zum Peripheriewinkel hat (F_1 und F_2).

Mit Hilfe dieser Eigenschaften perspektivischer Gebilde kann man bestimmen, falls die Konstruktion direkt nicht möglich sein sollte:
1. den Augenpunkt A,
2. die Distanz,
3. das umgelegte Zentrum O'.

Bei der Anlage des Bildes hat der Maler sofort über die Größe der Distanz zu verfügen. Diese Distanz, die bei Landschaften und Gebäuden gewöhnlich groß, bei Innenräumen klein sein wird, darf aus zwei Gründen niemals zu kurz gewählt werden.

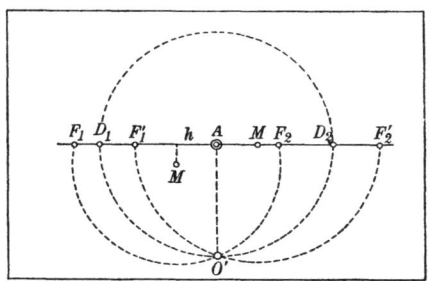

Fig. 9.

Erstens würden bei einem Bild mit kurzem Augenabstand die 45^0-Linien sehr steil abfallen und dadurch den Eindruck des Unnatürlichen, des Unbehagens erwecken. Zweitens aber würde es unmöglich sein, das Bild bei zu knapp gewählter Distanz ganz zu überschauen, da die *Sehweite* nicht groß genug wäre.

Verweilen wir noch einen Augenblick bei diesem neuen Begriff. In der Biologie und in der Optik wird gelehrt, daß die Voraussetzung des deutlichen Sehens ein Sehwinkel von etwa 52^0 ist. In der Fig. 9a sind drei gleichgroße Pfeile vom Auge A aus in den Abständen P_1Q_1; PQ; P_2Q_2 betrachtet, denen die halben Sehwinkel $\widehat{P_1AS_1}$, $\widehat{PAS}$ und $\widehat{P_2AS_2}$ entsprechen, deren Tangenten umgekehrt proportional zur Sehweite sich verhalten. In unserem Falle würde PQ die deutliche Lage sein, während AS_1, das ja bekanntlich im Objekt nicht unter 24 cm betragen darf, zu kurz ist, während P_2Q_2 einen zu spitzen Sehwinkel mit dem Auge bildet. Diese Betrachtungen gelten analog für den Raum. Indem wir nun die Fig. 9a um die Achse AS_2 rotieren lassen, erkennen wir, daß die deutliche Sehweite durch die Höhe und den Sehwinkel als Achsenschnittwinkel in einem geraden Kreiskegel bestimmt sind. Der Grundkreis des Kegels gibt auf der Bildebene den sogenannten *Sehkreis* ab, der zum Distanzkreis parallel läuft. (Fig. 10.)

Tatsache ist aber, daß die bedeutenden Maler aus der Hochrenaissance der Perspektive, wie z. B. Raffael, ungefähr das $1\frac{1}{2}$fache der größten Ausdehnung des Bildes in der Mittellinie als Sehweite angenommen. So ist das auch in dem bereits erwähnten Bild der „Schule von Athen" der Fall.

30 I. Teil. Allgemeines über die Perspektive in der Malerei

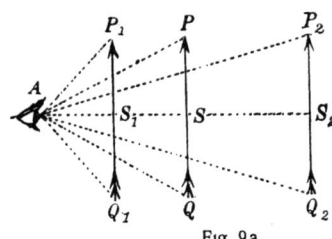

Fig 9a.

Dürer allerdings hat sich nicht an diese Voraussetzungen gebunden, vielmehr ist er z. B. in seinem Bild: Hieronymus im Gehäuse weit davon abgewichen, indem er eine Distanz wählte, die ein wenig größer als die Höhe des Bildes ist. Der Nachteil ist offensichtlich; er äußert sich vor allem in den schräg laufenden Linien mancher Geräte und der Decke.

2. Die Distanzpunkte als Teilungspunkte. Für die Prüfung der Bilder auf ihre mathematischen Eigenschaften hin ist es von Wert, auch die Strecken nachzumessen, insbesondere ihre Teilung, falls eine solche vorgenommen worden ist, genau zu verfolgen. Zur Teilung von Strecken benutzt man heute und benutzte man vielfach damals bereits den Teilungspunkt, der auf dem Horizont gelegen ist.

Soll z. B. die Strecke HK der Geraden BC der Fig. 11 in J im Verhältnis $1:2$ geteilt sein, so bringt man BC mit dem Horizont in S zum Schnitt und trägt auf ihm die Distanz von S aus bis zum Punkt T ab. Verbindet man nun T mit H, J und K und schneidet das Strahlenbüschel durch irgendeine Gerade, die dem Horizont parallel läuft, so wird die Gerade bildlich in dem verlangten Verhältnis geteilt.

Von besonderer Bedeutung ist nun wiederum die Teilung der Tiefenlinien, bei denen die Distanzpunkte und die Teilungspunkte zusammenfallen. Wegen der Größe der Distanz ist es in diesem Fall oft ratsam, mit Teilen der Distanz, z. B. der *Halbdistanz* $(D\tfrac{1}{2})$ oder *Dritteldistanz* $(D\tfrac{1}{3})$ zu operieren. In der Fig. 12 soll die Tiefenlinie AB auf der Strecke BC durch F und E in drei gleiche Teile geteilt sein. Man wählt in diesem Fall den Bildrand als Grundlinie und bringt sie mit dem

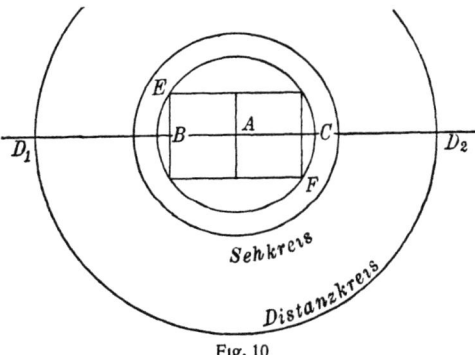

Fig. 10

Distanz 31

Strahlenbüschel $D(FEC)$ in den Punkten R, Q, P zum Schnitt. Es ist tatsächlich
$$BR = RQ = QP.$$
Diese Dreiteilung nimmt man auch von dem Punkt $(D\tfrac{1}{2})$ wahr, wie das an den Strecken BN, NR, RS erkennbar ist.

Schließlich sei eine häufige Anwendung dieser Teilung in dem quadratischen Fußboden eines Bildes geboten (Fig. 13).

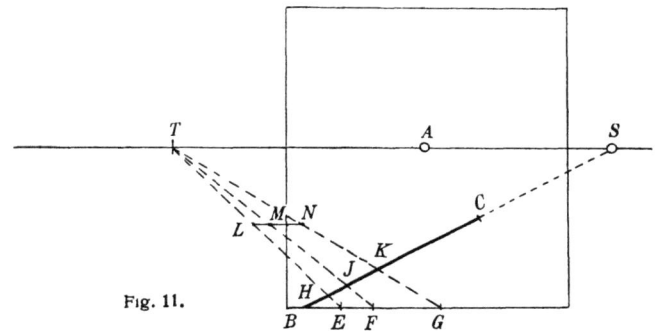

Fig. 11.

Nach den vorhergehenden Erklärungen bedarf diese Figur kaum der Erläuterung. Jede Tiefenlinie ist in acht gleiche Teile geteilt, deren Projektionen von dem Halbdistanzpunkt $D\tfrac{1}{2}$ aus an der Grundlinie gerade aufgehen.

Erwähnt sei noch, daß die Diagonalen der Quadrate natürlich nach den Distanzpunkten verlaufen, übrigens ein sehr brauchbares Mittel zur Rekonstruktion, das auch in dem Bilde von Raffael (Abb. 8) benutzt wurde.

C. Künstlerische Freiheit.

Nach dem Gesagten möchte es vielleicht scheinen, als ob hier die Ansicht vertreten werden soll, daß jedes künstlerische Bild eine mathematische Figur sein müsse. Die Vorgänge beim physiologischen Sehprozeß sind individuell verschieden, so daß man heute oft einer „individuellen Perspektive" Bahn brechen will. Ganz zweifellos wird jede Zeichnung, jedes Gemälde, als ein Produkt individuellen Schaffens, immer ein Stück persönlicher Perspektive enthalten, denn dafür ist das räumliche Empfinden, das Raumgewissen viel zu subjektiv.

32 I. Teil. Allgemeines über die Perspektive in der Malerei

Außerdem muß auch ohne weiteres zugegeben werden, daß manche Körper in bestimmter mathematisch-perspektivischer Darstellung nicht unserem räumlichen Anschauen gleichkommen, wenn ein Teil der Grundlage: Augpunkt, Horizont oder Distanz nicht geeignet gewählt sind. Die perspektivische Einheit, die wir im vorigen Abschnitt betrachteten, fordert aber

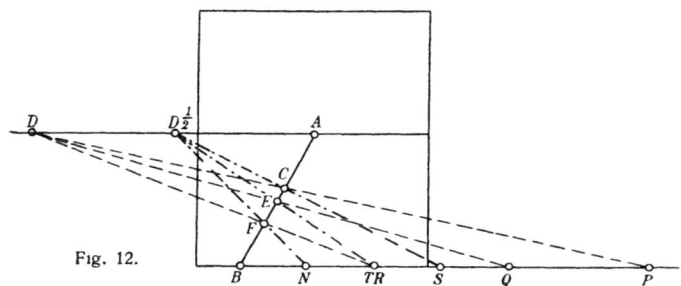

Fig. 12.

mit Nachdruck einen Augenpunkt, einen Horizont, eine Distanz. Wenn also die Einheit in der Raumdarstellung gewahrt bleiben soll, so müssen eben sonst Freiheiten in der praktischen Perspektive erlaubt sein.

Außerdem! Ein Maler pflegt, wenn er überhaupt konstruiert, die Konstruktion nicht bis ins einzelne durchzuführen. Er wird sich meistens mit einem konstruktiven Gerüst für seine Darstellung begnügen und alles Nebensächliche mit freier Hand einzeichnen. Ihm genügen oft Konturen, Umrisse, auf die er seine Farben mit dickem Pinsel setzt. Ihm geht es genau so wie dem Musiker, der sich mit der Harmonielehre und mit den Kontrapunkten für seinen Beruf theoretisch befassen muß und nachher doch von den Regeln abweicht; es geht eben die Praxis mit der Theorie nicht immer Hand in Hand, und sie braucht es auch nicht.

So haben denn unsere strengsten Vertreter der Perspektive sich manche Abweichung von der Regel in bewußter Weise erlaubt. Aus diesen Verstößen, die uns heute in ihrem Ursprung klar werden, ersehen wir, daß der Sinn für das Räumliche lange genug nur eine mangelhafte Ausbildung erfahren hat.

Wenn wir im folgenden einige Beispiele dafür angeben, wie selbst unsere bedeutendsten Meister von der Perspektive gelegentlich abgewichen sind, so soll dadurch in keiner

Künstlerische Freiheit 33

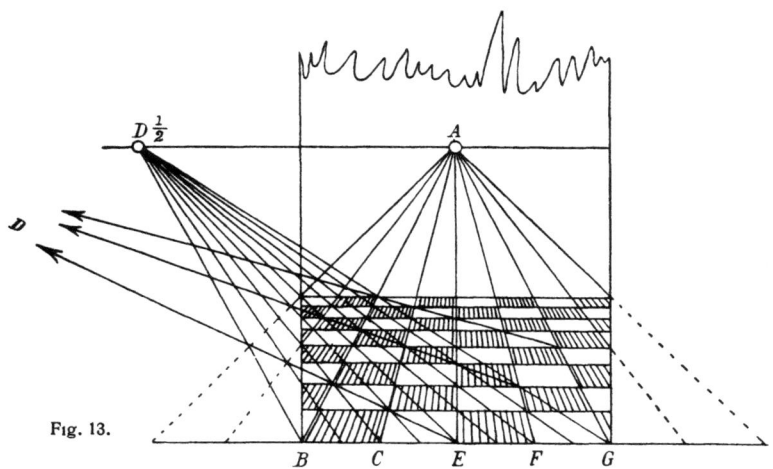

Fig. 13.

Weise Kritik an dem betreffenden Künstler und seinen Werken geübt werden, sondern diese Abweichungen müssen lediglich historisch und künstlerisch aufgefaßt und verstanden werden.

Über Dürers Hieronymus sagt Schreiber in seinem Buch: Malerische Perspektive[1]): „Kein Strich findet sich auf dieser Komposition, der nicht vollkommen perspektivisch richtig gezeichnet wäre, wie dies bei Dürers Werken fast immer der Fall, und man fühlt gewiß, welch eigentümlicher Reiz, welche ästhetische Befriedigung schon aus solcher Richtigkeit der Zeichnung hervorgehe." Und welches Wunder würde man erleben, wenn der alte Hieronymus aufstehen würde! Eine unproportionierte Gestalt, mit kurzen Beinen und langem Oberkörper, eine Gestalt, die unsere Lachmuskeln erregen würde. Bis zur Decke würde er beinahe reichen. Und wenn man ihm den Hut, der über ihm an der hinteren Wand sich befindet, auf den Kopf setzen wollte, so müßte der Kopf die Dimension eines Bierfasses haben, das eine Klasse von 20 Primanern in den bekannten Zustand einer Alkoholvergiftung zu versetzen imstande wäre.

---

1) Herdersche Buchhandlung, Karlsruhe 1854.

34 I. Teil. Allgemeines über die Perspektive in der Malerei

Gerade das Abtönen, das Abklingen eines Bildes, so daß „das Maß aller Dinge" proportional zu seinen Teil und zu den Objekten sich verhält, das ist es, das manchmal von den Malern, wie auch z.B. von Leonardo in der Gestaltung des Heilandes im Abendmahl, absichtlich nicht vorgenommen worden ist, um damit ein bestimmtes Ziel zu erreichen.

Andere Beispiele für die nicht exakte Berücksichtigung der Perspektive zu finden, ist nicht schwer: Hören wir nochmals Schreiber: „Man weiß, welch großartigen Eindruck die Architektur auf der Raffaelschen Schule von Athen macht; die Hallen scheinen mit Kirchengewölben an Höhe zu wetteifern. Mißt man aber nach, so zeigt sich, daß z.B. die Pfeilerschäfte eine Höhe haben von wenig mehr über zwei Manneslängen, daß also der ganze so stolz scheinende Bau, in Wirklichkeit ausgeführt, nur sehr bescheidene Größenverhältnisse haben würde." Auch werde hier erwähnt, daß Raffaels Fresken „Leo X" und „Heliodor" nicht bis in alle Einzelheiten genau gezeichnet sind.

Das oben erwähnte Bild von Leonardo da Vinci: das Abendmahl, hat eine Höhe von „zwei Manneslängen", während es dreimal so breit ist. Die runden Gefäße und Teller auf dem Tisch sind nicht alle konstruiert, wie wir noch weiter sehen werden.

Der Förderer der malerischen Technik: Paul Veronese, hat in seinem Riesenbild „die Hochzeit zu Kana" (Abb. 9), das, wie die Zeitungen berichten, im Louvre von Paris ganz besonders vor der Zerstörung der „Barbaren" geschützt wurde, nach Wiener und Schilling sieben Augenpunkte und fünf Horizonte angenommen, während eine geringe Nachprüfung zeigt, daß es weit mehr sind. Das Gastmahl im Hause Levi von demselben Maler besitzt zwei Horizonte und zwei Augenpunkte; schließlich weist auch sein Gemälde: Christus bei dem Mahle des Zöllners, mehrere Augenpunkte auf.

Neuere Maler wie Fritz Beckert und Kuehl arbeiten oft absichtlich mit mehreren Horizonten und Augenpunkten in einer Bildarchitektur.

Schreiber sagt bei Gelegenheit der Besprechung von Leonardo da Vincis Abendmahl: „Allerdings wird man auch diesen Fehler ohne Nachmessen nicht leicht bemerken, hat man ihn aber einmal wahrgenommen, so geht es einem damit wie mit einem leichten Makel, den man an der Geliebten entdeckt

Abb. 9. Paolo Veronese, Hochzeit zu Kana (Paris, Louvre).

man übersieht ihn gerne, aber man wird ihn doch immer und immer wieder hinwegwünschen."

Und Burmester[1]) sagt gelegentlich: „Die Schönheit eines Bildes ist in vielen Fällen berechtigt, mannigfaltige Abweichungen von den Perspektiv-Gesetzen nicht nur in den figguralen Beziehungen, sondern auch in den geometrischen Gestaltungen zu fordern, und der Maler muß deshalb von seinem Kunstgefühl geleitet auf dem Wege der Kompromisse zwischen den Bedingungen der Ästhetik und der Perspektive seinen erhabenen Zweck, die Schönheit, erreichen.

Alle Abweichungen von den Gesetzen der Perspektive sind künstlerisch vollberechtigt und nicht als Fehler zu betrachten, wenn diese Abweichungen von der Schönheit des Bildes gefordert werden und so geordnet sind, daß dieselben nicht im bemerkbaren Widerspruch mit unserer perspektivischen Anschauung stehen, die wir durch die Beobachtung in der Wirklichkeit empfangen."

Und nochmals sei erwähnt, daß Abweichungen in der praktisch-technischen Perspektive erlaubt sein müssen, liegt in der Natur der Dinge. Daß nun aber jede Abweichung gestattet sei, zumal wenn sie auf der Unkenntnis der Materie beruht, das wollen wir doch nicht ohne weiteres zugeben. Es wird in jedem einzelnen Fall die Aufgabe im 2. Teil dieses Büchleins sein, an Beispielen zu untersuchen, ob berechtigte oder unberechtigte Abweichungen von den Normen vorliegen.

---

[1]) W. Dyck, Katalog mathematischer und mathematisch-physikalischer Modelle, Apparate und Instrumente. Nachtrag. Hof- und Universitätsbuchdruckerei München 1893.

ZWEITER TEIL

DIE ANWENDUNG DER MATHEMATIK IN DER MALEREI

I. UNTERSUCHUNG VON BILDERN MIT ARCHITEKTURDARSTELLUNGEN

Bis jetzt haben wir uns nur mit der Frage beschäftigt, wie der Maler perspektivisch den Innenraum darstellen soll, damit er unser räumliches Denken und Vorstellen nicht verletzt. Wir haben den Satz vom Fluchtpunkt als das Hauptgebot kennen gelernt und seine vielseitige Anwendung zu zeigen versucht. Freilich führt die Befolgung jenes Satzes allein noch nicht zu einer naturgetreuen Wiedergabe, sondern es muß eine der Natur der Objekte entsprechende Proportionalität zwischen den Gegenständen vorhanden sein, worauf ja schon am Ende des ersten Teiles hingewiesen wurde. Ein erwachsener Mensch hat eine Durchschnittshöhe von 1,70, ein Tisch ist etwa 75 cm hoch, ein Zylinderhut etwa 14 cm usf.; alle diese Maße müssen in ihrem Verhältnis zueinander beim Bilde stimmen, wenn ein einziges Maß festgelegt ist.

A. Die Methode der Rekonstruktion.

Die einfachste Methode, Körper darzustellen, ist die von Monge im Grund- und Aufriß. Die Vergleichung der Größe der Objekte in perspektivischer Darstellung wird also die Transformation der perspektivischen Projektion in die orthogonale zur Voraussetzung haben, und zwar wird diese Umformung in zwei Teile zerfallen, nämlich:

1. Rekonstruktion des Grundrisses,
2. Rekonstruktion des Aufrisses.

Zur allgemeinen Lösung dieser Aufgabe wollen wir Fig. 14 betrachten, in der der Rechtecker $(B'\ C'\ D'\ E')\ (F'\ G'\ H'\ J')$ aus dem Bilde $(BCDE)\ (FGHJ)$ konstruiert ist. Wir nehmen der Übersichtlichkeit halber die Horizontalebene als Gegenstandsebene an; in dieser Annahme liegt die ganze Einfach-

38 II. Teil. Die Anwendung der Mathematik in der Malerei

heit des folgenden Verfahrens. Lenken wir unsere Aufmerksamkeit auf die vertikalen Kanten im Bilde, die den Horizont in den Punkten U, V, W, X schneiden, aus denen der Grundriß konstruiert werden kann. Da zu einem Bilde sehr viele untereinander ähnliche Gegenstände gehören können, so haben wir noch die Wahl eines Punktes auf einem der Sehstrahlen, z. B. OU; dieser Punkt sei P. Alle anderen Punkte sind durch zwei geometrische Örter bestimmt, nämlich durch den Sehstrahl und den Inhalt des Satzes 5. Da nach dem Bilde die Kanten parallel oder senkrecht

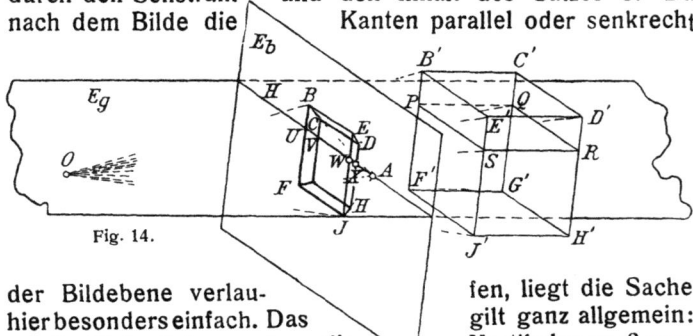

Fig. 14.

der Bildebene verlaufen, liegt die Sache hier besonders einfach. Das gilt ganz allgemein: an die Tiefenlinien und an die Vertikalen muß man sich bei diesen Konstruktionen halten. Man findet sie meist in Hülle und Fülle in den Bildern.

Die Höhe des Rechteckes läßt sich in dieser Darstellung ebenfalls verhältnismäßig einfach finden. Betrachten wir nämlich das rechtwinklige Dreieck $OB'P$, in welchem $BU \parallel B'P$ verläuft, so erkennen wir die Proportion:

$$\frac{B'P}{BU} = \frac{OP}{OU},$$

worin sich alle Stücke außer $B'P$ aus der Figur entnehmen lassen. Es wäre also $B'P$ als vierte Proportionale zu BU, OP und OU konstruierbar. Die Konstruktion, sowie die des Grundrisses, vereinfacht sich noch, wenn wir die Gegenstandsebene Eg um den Horizont so drehen, daß sie in die Bildebene zu liegen kommt. Ist die Drehung so vorgenommen, daß sich der Augenpunkt unter dem Horizont befindet, so liegt der Grundriß oberhalb, während die Grundflächen des Rechteckes vorn und hinten von dieser Bildebene liegen. Wenn wir nun aber das rechtwinklige Dreieck $OB'P$ um 90^0

Rekonstruktion 39

etwa nach links drehen, bis es also auch in der Bildebene liegt, so können wir neben dem eben gefundenen Grundriß in einer Figur zugleich den Aufriß finden. Die Rekonstruktion von $F'P$ ergibt sich genau so, nur muß die Umklappung rechts herum geschehen.

Demnach finden wir die Höhen auf folgende Weise. Wir übertragen die Bildebene in die Zeichenebene, vor allem die Punkte A und das umgelegte Zentrum O' und den Horizont h. Ferner nehmen wir der Einfachheit halber nur den Punkt U herüber. Dieser Vorgang sei in Fig. 15 skizzenhaft angegeben. Das Viereck $PQRS$ ist bereits gefunden, wie wir oben angedeutet haben. Man errichtet nun in U und P Senkrechte auf $O'P$ und überträgt UB aus dem Bild, ebenso UF. Demgemäß ist $B'P$ die Höhe und PF' die Tiefe vom Grundriß aus.

Die Grundrißkonstruktion bedarf noch einer Ergänzung. Nehmen wir ein Quadrat $MNOP$ an, das beliebig liegen möge! Wir übertragen dann die Schnittpunkte $QRST$ der Sehstrahlen mit dem Horizont in die Zeichenebene (Fig. 16). Wenn wir nun einen Punkt, z. B. P, über den wir noch frei verfügen können, festgelegt haben, so finden wir nach Satz 5 die Punkte M und O, indem wir durch P zu $O'F_1$ und $O'F_2$ die Parallelen ziehen und sie mit $O'Q$ bzw. $O'T$ zum Schnitt bringen. Damit ist N auch bestimmt. F_1 und F_2 sind natürlich die Fluchtpunkte der parallelen Seiten des Quadrats.

Bilden nun zwei Gerade einen beliebigen Winkel φ miteinander, so ist die Konstruktion entsprechend auszuführen. Die Bestimmung des Winkels φ ist mit Hilfe der Konstruktion der Fig. 11 oder 12 mitunter leicht zu finden. Sagen wir, es läge ein zum Horizont schiefliegendes wagrechtes Rechteck vor, dessen Seitenverhältnis man bestimmt hat. So läßt sich ein ähnliches Rechteck konstruieren und der Winkel messen, den die Diagonalen miteinander bilden.

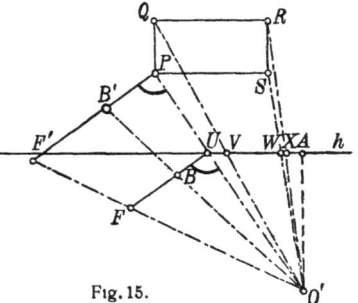

Fig. 15.

Ein Beispiel.

Der aus der Dürer-Holbein-Schule hervorgegangene Maler Lukas Cranach (1472—1553) reicht an die Größe seiner ihm

40 II. Teil. Die Anwendung der Mathematik in der Malerei

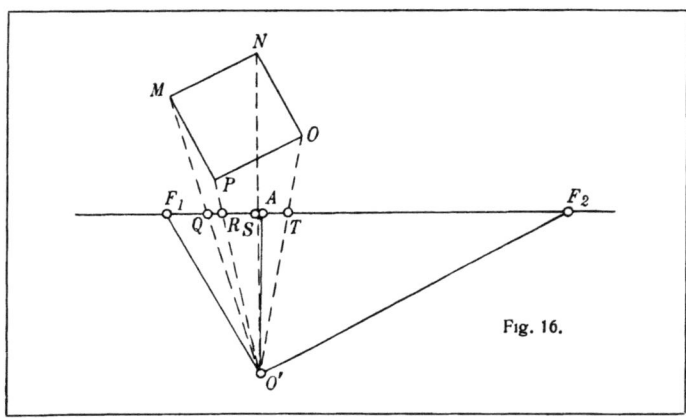

Fig. 16.

vorbildlichen Meister nicht heran. Seine Werke sind geometrisch absolut richtig, sie weisen aber hinsichtlich der Motive und der Ausführung wenig Selbständigkeit und Abwechslung auf. Und so hat er sich denn auch in dem vorliegenden Bild, „Kardinal Albrecht von Brandenburg" als Hieronymus (Abb.10 Tafel 1), den Hieronymus in der Klause (S. 21) zum Vorbild genommen.

Die Konstruktion des Augpunktes, der Distanzpunkte und der Kanten der Geräte und der Decke und des Horizontes konnte mit Hilfe der quadratischen Tischplatte ohne Schwierigkeit nachgewiesen werden. Das umgelegte Zentrum O' war durch den Distanzkreis und die Senkrechte in A auf h bestimmt.

Zum Zwecke der Rekonstruktion der Tischplatte mußten die 4 Ecken P, Q, R und S auf den Horizont projiziert werden, wodurch die Punkte M, L, K, J sich ergaben. Auf dem Sehstrahl $O'M$ wurde P' angenommen und Q' daraufhin durch die Parallele durch P' zum Horizont und durch den Sehstrahl $O'L$ gefunden. S' und R' liegen auf den Senkrechten der Strecke $P'Q'$ in den Endpunkten und auf den zugehörigen Sehstrahlen. Tatsächlich hat der Grundriß die Form eines Quadrates.

Um nun auch die Höhe des Tisches festzustellen, wurde die Gerade MP so weit verlängert, bis sie die Horizontale

Additional material from *Mathematik und Malerei,*
ISBN 978-3-663-15304-7 (978-3-663-15304-7_OSFO1),
is available at http://extras.springer.com

durch den Fuß des Tisches traf. Dieser Punkt ist T. Nunmehr errichten wir auf dem Sehstrahl $O'P'$ in M die Senkrechten, auf der $MP_1 = MP$ und $MT_1 = MT$ gemacht wird. Die Strahlen $O'T_1$ und $O'P_1$ schneiden auf der Senkrechten in P' auf $O'P'$ das Stück T_2P_2 ab, das demnach der Höhe des Tisches entspricht.

Wie ein Vergleich von $P'Q'$ mit T_2P_2 ergibt, verhält sich die Breite b des Tisches zur Höhe h:

$$b : h = 16 : 7.$$

Wenn demnach die Höhe mit 75 cm angenommen wird, so hat der Tisch die große Breite von 1,74 m.

Geht man so Schritt für Schritt weiter, so kann der Grund- und Aufriß dieses Bildes gefunden werden.

B. Technische Maßregeln.

Das Maß der Exaktheit, das man bei Rekonstruktionsarbeiten von Gemälden zu erwarten hat, darf man nicht immer mit mathematischer Strenge prüfen wollen, denn dafür sind die Objekte, an denen die Einzeichnungen (die sicherlich an sich etwas Unschönes sind), vorgenommen worden, mannigfachen störenden Einflüssen ausgesetzt, die durchaus nicht summa summarum aufzutreten brauchen, die aber auch vereinzelt sich schon sehr unangenehm bemerkbar machen können. Sie müssen hier zusammengestellt werden, damit, sollte etwa ein Leser versucht sein, eigene Untersuchungen anzustellen (die, wie ich es schon oft gefunden habe, ihm zu einer Fundgrube neuer Beobachtungen werden können, ja, die ihm vielleicht sogar wichtige Verdienste um die Wissenschaft einzutragen imstande sind), nicht auf Irrwege gerät.

Am besten werden wir einen Teil der zu beobachtenden Vorsichtsmaßregeln bei den geometrischen Untersuchungen von Gemälden erkennen, wenn wir uns einen Moment vor Augen führen, wie das Bild und seine Reproduktion entstehen.

Der Maler fertigt meist eine Skizze oder einen Entwurf, dann eine ausführlichere Zeichnung an. Letztere überträgt er gewöhnlich auf eine größere in einen Rahmen gespannte Leinwandfläche oder auf Holz mit einem Kohlen- oder Farbstift. Dieser Entwurf bildet das mathematische Fundament des Bildes, auf das die Farben aufgesetzt werden. Nun aber ist ein Kohlen- oder Farbstift durchaus nicht geeignet, „mathematische Linien" auszuführen. Dazu kommt aber noch, daß „der feinste Pinsel in geschicktester Hand noch ein denkbar ungeeignetes Mittel zur Ausführung perspektivischer Konstruktionen" ist. „Eine Linie, die in der Vorzeichnung scharf und gerade ist, wird bei einer Übermalung mit Farbe unfehlbar unscharf und ungerade." Und selbst wenn wir annehmen, daß alle die Momente, die der exakten Prüfung mit Zirkel und Lineal nachteilig sind, im Original nicht vorhanden gewesen wären, so können doch die Veränderungen, die das Holz oder der Rahmen des Untergrundes oder die Leinwand im Laufe der Zeit erfahren haben, immerhin auch noch eine erhebliche Rolle spielen. Und schließlich kann es geschehen sein, daß infolge von Übermalungen, die ja leider mitunter bei unseren bedeutendsten Gemälden vorgenommen worden sind, die Originallinien nicht mehr scharf zu erkennen sind.

Diese Mikrobetrachtungen lassen erkennen, daß vom mathematischen Standpunkt aus die Vorzeichnung des Bildes eine Präzisionsarbeit im Vergleich zum Gemälde bedeutet, das in bezug auf Genauigkeit der Form nur approximativen Charakter trägt. Neben der *Präzisionsmathematik* steht als das große Gebiet der Anwendungen die *Approximationsmathematik,* die der reinen Mathematik zu ihrer hohen Kulturbedeutung verholfen hat. Und ebenso, wie es möglich ist, von der Approximationsmathematik zur Präzisionsmathematik überzugehen, so wollen auch wir versuchen, aus dem approximativen Bild auf die rein mathematische Perspektive des Bildes Schlüsse zu ziehen.

Zuvor aber müssen wir noch etwas anderes erwähnen. Die Untersuchung von Bildern wird meist an Photographien vorgenommen. Können sich dadurch nicht neue Fehlerquellen ergeben? In der Tat! Die Einstellung des photographischen Apparates muß schon mit großer Vorsicht geschehen. Wenn die Platte nicht genau parallel der Bildebene verläuft, werden Verschiebungen, Verkürzungen und Verlängerungen in der Aufnahme die Folge sein. Außerdem muß mit einem Apparat gearbeitet werden, dessen Sehschärfe sich auf das ganze Objekt erstreckt. Er muß eine aplanate Linse besitzen. Denn ist das nicht der Fall, so werden nur die Teile scharf, die im Bereich der Deutlichkeit der Linse liegen, während die an-

Technisches 43

deren eine Vernachlässigung erfahren. So ist z. B. die mir vorliegende Reproduktion der Schule von Athen (Abb. 4) mit einem ungenauen Apparat vorgenommen, da der quadratische Fußboden, der gute Mittel zur Rekonstruktion der Distanzpunkte liefert, unscharf ist. Wenn nicht Raffaels genaue Konstruktion bekannt wäre, könnte man nach dieser Photographie der Meinung sein, daß Raffael das Bild perspektivisch „falsch" gezeichnet hätte.

Setzen wir trotzdem voraus, daß die Aufnahme des Photographen technisch vollkommen ist, so können noch in der elastischen, mit Silbersalzen getränkten Gelatinemasse der Platte, also in dem Negativ, Veränderungen der Zeichnung durch den Bäderprozeß, der für die Entwicklung vorgenommen wird auftreten. Und schließlich kann in der Veränderlichkeit des Papiers, also in dem Positiv, eine Quelle von Ungenauigkeiten mit Recht erblickt werden.

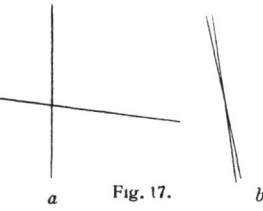

Fig. 17.

Ehe also an die Konstruktionsarbeiten gegangen werden kann, müssen die Photographien der Gemälde auf gute, glatte Pappe, die sich nicht zieht, und die wegen der Distanzpunkte breiter als lang sein muß, oder auf Holz aufgezogen werden, damit nicht neue Unregelmäßigkeiten auftreten.

Die perspektivische Einheit ist das erste[1]), das zu untersuchen ist. Voran steht der Augenpunkt, dann folgen die Distanzpunkte.

Wenn man zu guten Schnittpunkten gelangen will, muß man zuerst solche Schnittlinien suchen, die möglichst große Winkel miteinander bilden; denn, wie die Fig. 17 zeigt, ist der Schnittpunkt im Falle a) eindeutig, hingegen weist er bei b) Mehrdeutigkeit auf. Selbst wenn dieses Moment der Eindeutigkeit in Rücksicht gezogen ist, so kann es beim ersten Entwurf vorkommen, daß z. B. die Tiefenlinien „im Prinzip nach einem Punkt" sich richten. Es bedarf genauer Prüfung, ehe der wahre Punkt gefunden ist. Aber, das ist ein für allemal sicher: wenn die Richtung nach einem Punkte „im Prinzip" statthat, dann liegt eine geometrische Konstruktion zugrunde.

---

1) Man tut gut, bei jedem Bild die ersten Rekonstruktionsversuche auf übergelegtem Pauspapier vorzunehmen.

44 II. Teil. Die Anwendung der Mathematik in der Malerei

Diese Fehlerquellen, die wir soeben hier zusammengestellt haben, und die, wie bereits erwähnt wurde, nur bei den unglücklichsten aller unglücklichen Zufälle alle mit einem Male in einem Untersuchungsobjekt auftreten, sollen lediglich der Erklärung dienen, daß mathematischer Scharfblick allein diese Prüfungen nicht vollziehen kann, sondern es müssen auch technische und künstlerische Gesichtspunkte bei der Arbeit maßgebend sein.

Von Wert ist es mitunter auch, daß die Reproduktionen, seien es Photographien, Kupferstiche, Steinzeichnungen, Radierungen oder Kupferdrucke od. dgl. nicht zu klein sind, weil sonst die Linien, deren Richtung geprüft werden soll, nicht weit genug voneinander liegen. In vielen Fällen haben mir allerdings selbst Postkarten, wie man sie in den Galerien kaufen kann, gute Dienste geleistet; meistens benutzte ich Reproduktionen im Verhältnis $^{20}/_{30}$ oder $^{20}/_{20}$, mitunter aber konnte ich ohne die teuren, großen Photographien $^{40}/_{40}$ nicht auskommen. Wenn auch diese noch nicht zur Klarheit führen sollten, so ist die Prüfung am Objekt, die bei wissenschaftlichen Untersuchungen behördlicherseits gern gestattet wird, die letzte Rettung.

Wie kann man nun zu zweckentsprechenden Reproduktionen[1]) gelangen? Für den Uneingeweihten[2]) ist das durchaus nicht einfach. Wer sich mit dem Kunststudium befaßt, der wird in den mehrbändigen Kunstgeschichtswerken von:

A. Springer, Handbuch der Kunstgeschichte. 5 Bde. E. A. Seemann, Leipzig. Preis 55 M.,

W. Lübke-Semrau-Haack, Grundriß der Kunstgeschichte. In neuer Bearbeitung von M. Semrau. 5 Bde. P. Neff, Stuttgart. Preis 48 M.,

und in den einbändigen Werken von:

E. Wickenhagen, Geschichte der Kunst. Neubearbeitet von H. Uhde-Bernays. P. Neff, Eßlingen a. N. 1912.,

H. Löschhorn, Museumsgänge. Velhagen & Klasing, Bielefeld und Leipzig,

---

1) Für einfachere Untersuchungen (Augenpunktsbestimmung u. dgl.) in der Schule genügen oft gute Postkarten, wie man sie 12 Stck. für 1 M. von Ackermann in München, Barerstr. 42, beziehen kann, der „Ackermanns Universal-Galerie klassischer Kunst in Postkartenform" herausgibt. Einzelpreis jeder Karte 10 Pf.

2) Diapositive über perspektivische Gemälde-Untersuchungen habe ich bei Dr. Stoedtner, Berlin, Universitätsstr, 1b verlegt.

reiches Material finden. Die Bestellung bestimmter Bilder ist nicht immer von Erfolg gekrönt, da die Angabe der Verleger von Abbildungen in den kunstgeschichtlichen Werken mitunter fehlt. Eine Ausnahme bildet die bei Eugen Diederichs in Jena erscheinende preiswerte Sammlung: die Kunst in Bildern, von denen bis jetzt veröffentlicht sind:
E. Heidrich, Die Alt-Deutsche Malerei. 1909,
R. Hamann, Die Früh-Renaissance der italieniscnen Malerei. 1909,
E. Heidrich, Die Alt-Niederländische Malerei. 1910.
Am Fuße jedes Bildes ist immer der photographische Verleger angegeben worden, an den man sich direkt oder durch eine Kunst- oder Buchhandlung wegen der Beschaffung der Photographie wenden kann. Ferner müssen wir an dieser Stelle die reichhaltiges Untersuchungsmaterial liefernden:
Klassiker der Kunst, deutsche Verlagsanstalt Stuttgart und Leipzig, von denen bis jetzt 25 Bände erschienen sind, und ferner die von H. Knackfuß herausgegebenen:
Künstler-Monographien (Velhagen & Klasing, Bielefeld und Leipzig), von denen über 100 Bände veröffentlicht sind, erwähnen:
Die blauen Bücher vom Verlag Langewiesche, Düsseldorf und Leipzig.
Die Kunst dem Volke, allg. Ver. f. Christl. Kunst, München Karlstr. 33.
Von Verlegern wären zu nennen:

Fratelli Alinari, Florenz,
D. Anderson, Rom,
Braun & Co., Dornach i. E.,
Giacomo Brogi, Florenz,
F. Bruckmann, München,

Franz Hanfstaengl, München,
K. W. Hiersemann, Leipzig,
Der Kunstwart-Verlag, München,
E. A. Seemann, Leipzig.

Gute Erfahrungen wurden damit gemacht, daß man sich, wenn Unklarheiten über den Verlag usf. bestanden, an die Hofkunsthändler:
Amsler & Ruthardt, Berlin, Behrenstr. 29,
wandte, die meist prompt und sicher inländisches und ausländisches Material lieferten.

C. Besonderer Zweck der Bilduntersuchungen.

Die Beschäftigung mit den mathematischen Untersuchungen künstlicher Darstellungen kann, mag sie auch scheinbar der

46 II. Teil. Die Anwendung der Mathematik in der Malerei

Kunst Gewalt antun, nach vielen Seiten von großem Wert sein. Schon mehrere Male wurde darauf aufmerksam gemacht, daß ungenaue Konstruktionen, also falsche körperliche oder räumliche Darstellungen lange Zeit unbemerkt geblieben sind. Der tiefere Grund ist zum Teil in der mangelhaften Ausbildung der Raumanschauung zu suchen. Wer sich mit den geometrisch-technischen Fragen der malerischen Kunstwerke nur kurze Zeit beschäftigt, der wird bei der Durchwanderung von Gemäldegalerien bald bemerken, daß er mit ganz anderem Auge dem künstlerischen Schaffen gegenübersteht. Der enge Zusammenhang aber zwischen Kunstverständnis und Raumanschauung ist es eben, der Fortschritte auch der rein künstlerischen Anschauung bewirkt, der die Anordnung der Motive, die Ausfüllung des Raumes, der die Wirkung der Farben, die Strichführung bei Zeichnung mehr und mehr beobachten lehrt.

Die systematische Betrachtung der geometrischen Eigenschaften von Gemälden läßt aber erkennen, daß sie sich nicht nur in den verschiedenen Ländern, sondern auch bei den verschiedenen Meistern, die „Schule" machten, mit gewissen Eigenheiten, ja mit Abnormitäten, entwickelten. So ist die Schule des Leonardo da Vinci anders in gewissen Dingen verfahren als unser großer Maler Dürer und seine Schüler. Und gerade diese Besonderheiten, diese Kennzeichen der „Schulen", sie sind wohl in groben Umrissen bekannt, aber es fehlt die Ergründung des einzelnen.

Wie bedeutungsvoll die Kenntnis dieser Dinge ist, liegt auf der Hand. Man bedenke nur, wie groß die Zahl der wertvollen Gemälde ist, deren Maler in den Katalogen der Sammlungen gewöhnlich mit einem Fragezeichen versehen sind. Die malerische Perspektive tritt, wenn sie weiter ausgebildet sein wird, als wichtiger Hilfsfaktor zur Datierung von Bildern hinzu und wird „als absolutes Maß" häufig wertvolle Anhaltspunkte zur Bestimmung der Autorschaft liefern. Sie kann zu einer „Graphologie der Kunsthandschriften" Beiträge liefern.

Wir sind leider heute in der Geschichte der Perspektive noch nicht so weit vorgedrungen, daß die mathematische Seite des Bildes bei kunsthistorischen Fragen genügend in die Wagschale fallen könnte. Eben die Historie der Perspektive bedarf auch noch sehr der Förderung. Was wir bis jetzt von der Geschichte der Perspektive wissen, hat sich meist

Ziel der Bilduntersuchung

aus Aufzeichnungen, Biographien, Handschriften und Aktenmaterial ergeben. Infolgedessen ist auch dieses Forschungsgebiet lange Zeit als nebensächlich betrachtet worden, bis der theoretischen Geschichtsforschung praktische neue Wege gewiesen wurden. Aber in dieser Richtung ist noch viel zu tun. Fast die einzigen befriedigenden Arbeiten, die vorliegen, stammen von dem jetzigen Kustos der Kgl. Nationalgalerie in Berlin, Dr. G. J. Kern. Sie sind am Schluß dieses Bändchens im Literaturverzeichnis angegeben worden. Das Wertvolle an Kerns Arbeiten ist eben, daß der Verfasser die praktische, die künstlerische und die theoretische Seite der historischen Perspektiv-Forschung in glücklicher Weise vereinigt. Daß auf diesem Gebiet noch viel zu leisten ist, liegt bei der Jugendlichkeit des Gebietes sehr auf der Hand, daß aber die enge Verknüpfung von Praxis und Theorie noch recht reife Früchte bringen wird, davon kann man fest überzeugt sein.

Natürlich mußte erst das Handwerkszeug zu alledem gefunden werden. Einige Grundzüge sollen im folgenden Abschnitt gegeben werden, in dem Bilder aus allen Zeiten in chronologischer Reihenfolge untersucht werden sollen. In dem engen Rahmen dieser Arbeit liegt es begründet, daß nicht jedes Bild mit der Ausführlichkeit und Gründlichkeit behandelt werden konnte, wie es zur Exaktheit und Vollkommenheit nötig wäre. Es sind besondere, markante Exemplare ausgesucht worden; aus der Fülle des im Laufe der Zeit gesammelten Materials sind dann wieder besondere „Schulbeispiele" herausgegriffen worden, von dem uns jedes Beispiel etwas Besonderes sagen soll.

Trotzdem wird der Leser bei eigenen Untersuchungen immer wieder Neues finden, das im vorliegenden Falle oder überhaupt noch nicht behandelt wurde. Und in diesem Neuen liegt eben ein eigenartiger Reiz. Freilich darf man nur nicht denken, daß sich die Schwierigkeiten von einem Tag zum andern, so schnell wie bei dem Auflösen einer Gleichung, heben würden. Dazu bedarf es manchmal Wochen, Monate und Jahre. **Insbesondere möchte davor gewarnt werden, jede kleine Wahrnehmung gleich als Entdeckung zu betrachten.** Die Arbeiten, zu denen diese Schrift anregen möchte, sollen in erster Linie das Auge des Lesers zur Aufnahme räumlich-

48 II. Teil. Die Anwendung der Mathematik in der Malerei

 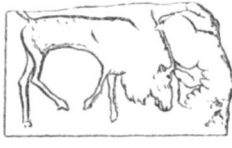

Abb. 11.
Renntierzeichnung aus der paläolithischen Periode.

künstlerischer Eindrücke heranbilden helfen, womit allerdings eine Einarbeitung in die Kunstgeschichte verbunden ist.

D. Beispiele in geschichtlicher Reihenfolge.

1. Altertum. Die Geschichte der Perspektive geht mit der Entwicklung der Malerei Hand in Hand. Die ältesten Zeichnungen, die uns überliefert worden sind, stammen aus der Zeit, da die Menschheit noch nichts von Kultur und Kunst im heutigen Sinne wußte, aus der sogenannten *paläolithischen Periode*, über die uns die Paläontologie, d. h. die Lehre von den vorweltlichen Wesen, Aufschluß gegeben hat. Da sind z. B. Zeichnungen von Tieren, wie Mammut und Renntier (Abb. 11), die die Naturvölker zur Ausschmückung ihrer Werkzeuge und der Wände ihrer Wohnungen malten, und die zum Teil in Höhlen Südfrankreichs aufgefunden wurden, wo sie über 20—30 000 Jahre sich erhalten haben. Vom zeichnerischen Standpunkt ist das Wesentliche an diesen Gemälden, daß sie meist lineare Zeichnungen in Profilauffassung sind; nur hier und da ist ein Körperteil räumlich angedeutet worden. Von einer eigentlichen Tiefenwirkung, vom Hintergrund, vom Hintereinander, kann auf dieser Stufe der Malerei noch keine Rede sein.

Ebenso wie die Anfänge der Wissenschaft im Gebiet des Euphrat, Tigris und des Nils zu suchen sind, so sind es auch die *Babylonier* und *Ägypter* (Abb. 12) gewesen, die die Malerei als „Kunst" zu entwickeln begannen. Von einer räumlichen Wirkung kann man in dieser Entwicklungsstufe wohl nicht sprechen. In der Hauptsache beschränken sich die Maler auf die Darstellung neben- oder übereinandergereihter Objekte.

Abb. 11a.
Mammutzeichnung aus der palaolithischen Periode.

Altertum 49

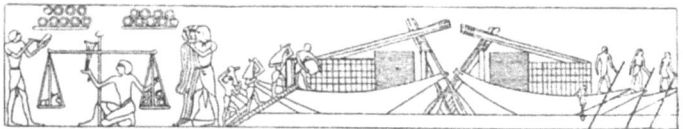

Abb. 12. Ägyptisches Grabgemälde.

Ägyptens kulturelles Schaffen wurde von den *Griechen* zum großen Teil als geistiges Erbe übernommen und weitergebildet. Wie weit das mit der Malerei geschehen, kann nicht mit Bestimmtheit gesagt werden, da ja griechische Malereien uns nur spärlich überkommen sind. Die keramischen Malereien, die von der Wand- und Tafelmalerei stark beeinflußt sind, stehen in der Darstellung des Räumlichen noch wesentlich auf ägyptischem Boden (Abb. 13)

Andererseits dürfen in diesem Zusammenhang die Werke der hellenischen Kolonien in Unteritalien, vor allem in *Pompeji* und *Herkulaneum*, nicht übersehen werden, denn sie gestatten uns einen, wenn auch schwachen Einblick in die klassische Malerei Griechenlands. Bei der Untersuchung dieser Arbeiten muß man sich in erster Linie vergegenwärtigen, daß die erhaltenen Wandgemälde meist keine eigentlichen Künstlerarbeiten, die ja leider bei der letzten Zerstörung der beiden Städte 79 n. Chr. durch irdische Gewalten vernichtet wurden, sondern Handwerkerarbeiten darstellen, für die naturgemäß der Standpunkt provinzialer Dekorationskunst maßgebend gewesen ist.

Wie die Abb. 14 zeigt, die einen oberen Ausschnitt aus einem pompejanischen Wandgemälde repräsentiert, ist das Bild vollständig symmetrisch angelegt, und es schneiden sich entsprechende Linien von links und rechts auf der Vertikalen. Was nun die Tiefenwirkung anbelangt, so wird sie durch verschiedene Faktoren erzeugt. Einmal wirken zweifellos die Linien links und rechts — sie werden Tiefenlinien genannt —, deren Verlängerung sich auf der Vertikalen schneiden, wie eine Art Vorbau; andererseits hat man die Decke so bemalt, daß sie sich ebenfalls symmetrisch zur Vertikalen verhält, wobei übrigens die Mitte, der sogenannte „wunde Punkt", fast immer durch ein Schildchen oder ein kleines Gemälde verdeckt ist.

Auch die Abb. 15 weist vollständige Symmetrie in der Anlage auf.

50 II. Teil. Die Anwendung der Mathematik in der Malerei

Wenn auch die Griechen demnach bei der perspektivischen Wiedergabe von Räumlichkeiten den Hauptwert auf die Vertikalachse des Bildes gelegt haben, so ist ihnen doch der Horizont nicht ganz entgangen. Denn die bereits erwähnten Tiefenlinien verlaufen auf den Bildern häufig im oberen Teil von oben nach unten, während sie im unteren Teil von unten nach oben „fliehen". Es muß demnach eine Zone vorhanden sein, in der die Tiefenlinien eine wagerechte Richtung hätten einschlagen müssen. Diese Linien darzustellen wurde aber von den Malern der Zeit umgangen. *Kern*, der sich u. a. eingehend mit den Gemälden Pompejis befaßte, hat die eben angegebene Konstruktion mit dem Namen *Teilungskonstruktion* belegt. Diese Konstruktion hat natürlich mit der Einteilung der Tiefenlinien durch Teilungspunkte, von denen oben die Rede war, nichts zu tun.

Abb. 13. Griechische Vasenbilder.

Zur richtigen Beurteilung der Kenntnis der Perspektive bei den Griechen müssen neben diesem praktischen Material auch noch die theoretischen Aufzeichnungen, die teilweise recht wertvoll sind, aber auch noch der Klärung bedürfen, in Rücksicht gezogen werden. Sie belehren uns, daß die theoretische Perspektive ursprünglich Gegenstand der Physik gewesen ist, sofern die Optik in ihren Betrachtungen über das Sehen sich mit ihr befaßte. Die älteste Optik, die uns erhalten geblieben, ist die des griechischen Mathematikers *Euklid* (300 v. Chr.). Aus dieser Schrift, die für die Deutung der primitiven Perspektive nicht immer genügend gewürdigt wurde, geht hervor, daß die Griechen zwar die Eigenschaft der Verjüngung, aber nicht den Fluchtpunktsatz gekannt haben.

Über den Praktiker *Heron* (etwa 100 v. Chr.), der sich auch mit der Theorie des Lichtes, also mit perspektivischen Ver-

Abb. 14. Pompejanisches Wandgemälde.

Abb. 15. Pompejanisches Wandgemälde.

Abb. 16. Giotto, Vision des Augustinus und des Bischofs (nach Kern).

54 II. Teil. Die Anwendung der Mathematik in der Malerei

Abb. 17. Ambrogio Lorenzetti, Verkündigung von 1344 (nach Kern).

suchen befaßte, führt der Weg zu dem Astronomen *Ptolemäus* (etwa 140 n. Chr.), der sich mit optisch-perspektivischen Problemen ebenfalls beschäftigte.

Vitruv, der große Baumeister des Kaisers Augustus (31 v. Chr. bis 14 n. Chr.), schuf unter dem Titel *de architectura* ein Werk vorwiegend architekturtechnischen und teilweise auch naturwissenschaftlichen Inhalts. Aus dieser Schrift glaubte man lesen zu können, daß man zu Vitruvs Zeiten bereits den Fluchtpunkt gekannt habe. Neuere philologische Forschungen sind dieser Auslegung der betreffenden Stelle des Urtextes entgegengetreten.[1]

---

[1] Die Sachlage ist noch nicht eindeutig entschieden.

Der Einfluß dieses hellenischen Römers ist nachhaltiger in der Malerei gewesen, als man zunächst vermuten möchte. Er stellte nämlich in seinem Werk Betrachtungen über die Darstellung von Mensch und Tier an und kam zu dem Ergebnis, daß die Körperteile in proportionaler Weise ausgebildet sein müßten, eine Lehre, der sich Dürer noch anschloß.

Das Altertum hat weit mehr Schriften über die Malerei geliefert, als wir heute kennen. Der Naturforscher *Plinius* (23—79 n. Chr.) weist z. B. in seiner „Naturgeschichte" auf solche Schriften hin, die uns aber nicht erhalten sind.

Es ist von *Kern* in einer sehr interessanten Arbeit nachgewiesen worden, daß die von ihm benannte „Teilungskonstruktion" bis ins 5. Jahrhundert (n. Chr.) von den Malern benutzt wurde, daß sie aber in der Zeit vom 5.—9. Jahrhundert vollständig verschwunden war, um im 9. Jahrhundert wieder aufzutreten und sich bis ins 14. Jahrhundert in Italien zu halten. In dieser letzten Periode kann man einen Übergang[1]) von der mehr ebenen Darstellung zur Raumdarstellung, also von der Teilungskonstruktion zum Fluchtpunktsatz wahrnehmen, eine Tatsache, die wiederum von Kern ans Licht gezogen worden ist. Damit sind wir schon in eine weitere Entwicklungsperiode (1250—1450) getreten, nämlich in

2. Die Frührenaissance. a) Italien. In jenem Übergangsstadium von der Aspektive zur Perspektive spielt der Italiener *Giotto* (1266—1336) eine gewisse Rolle. Er, der das Räumliche in fast allen seinen Bildern gefühlsmäßig darstellte, schuf ein Gemälde (Abb. 16), in dem er für die Decke und für die Wandtiefe an der Tür je einen Fluchtpunkt konstruierte und somit zwei Horizonte annahm. Ob Giotto den Fluchtpunkt gekannt hat, können wir aus dem Bild nicht entnehmen, weil es stark übermalt worden ist. Sein Schüler *Ambrogio Lorenzetti* ist jedoch unzweifelhaft der erste gewesen, der den Fluchtpunkt der Einzelebene (Abb. 17) auffand. Das Bild ist auf das Jahr *1344* datiert. Vor dieser Zeit hat der Fluchtpunkt einer Ebene höchst wahrscheinlich nicht existiert; jedenfalls ist er im Bilde bis jetzt nicht nachgewiesen worden.

Allerdings scheint schon im 13. Jahrhundert eine theoretische Kontroverse über den Fluchtpunkt bestanden zu

---

[1] Eine Übergangsform bildet die parallelprojektive Abbildung.

Abb. 18. Masaccio, Dreifaltigkeitsfresko.

haben. Ein Araber, dessen Volksgenossen sich schon im
7. Jahrhundert mit optisch-perspektivischen Fragen beschäftigten, namens *Alhazen*, schrieb im 11. Jahrhundert unter
Benutzung der euklidischen Arbeiten eine Optik, die von
einem Deutsch-Polen *Vitellio* (auch Vitello oder Witelo) im
13. Jahrhundert ins Lateinische übersetzt und mit zahlreichen
Zusätzen versehen wurde. In diesen Zusätzen wendet er all
seine Beredsamkeit gegen den Fluchtpunkt auf, woraus deutlich erhellt, daß damals eine Fluchtpunktstheorie bestanden
haben muß.

Der eigentliche Begründer der modernen Perspektive ist
der bekannte Erbauer der Domkuppel in Florenz: *Filippo
Brunelleschi* (1377—1446), und zwar sind wir u. a. über sein
Schaffen durch die Aufzeichnungen des *Anonimo del Moreni*
und des vielgenannten Biographen: *Giorgio Vasari* (1511
bis 1574) unterrichtet. Er hat das Trivium der zentralen Abbildung: den Fluchtpunkt, den Horizont und vielleicht auch die
Distanz, als Grundpfeiler der perspektivischen Verwandtschaft
gewertet und damit die Wissenschaft in die Bahnen geleitet, die
fruchtbar für sie werden sollten. Brunelleschi war Praktiker, der
der Bevölkerung von Florenz seine Ideen in öffentlichen Vorträgen auf den Marktplätzen an eigenen Bildern klarmachte,
die er mit der Naturerscheinung verglich. Seine Lehre in die
Praxis umgesetzt zu haben, ist das hohe Verdienst des leider früh verstorbenen genialen Malers *Masaccio* (1401 bis
1428), dessen bedeutendstes Gemälde das Dreifaltigkeitsfresko
(Abb. 18) in S. Maria Novella ist, um dessen historische und
künstlerische Bewertung sich Kern[1]) wieder hohe Verdienste
erworben hat. Masaccio selbst hat sich um die Fortbildung
der Linearperspektive erheblich und mit großem Erfolg bemüht, ist er doch der erste gewesen, der die perspektivische
Schrägansicht zur Darstellung gebracht hat.

Für die Teilung der Orthogonalen hat man wahrscheinlich
damals schon zwei Konstruktionen[2] gekannt. Die eine ist
die sogenannte „costruzione legittima", die andere die nach
Leon Battista Alberti (1404—1472) benannte Konstruktion.

---
1) Kern, Das Dreifaltigkeitsfresko in S. Maria Novella, Jahrb. der
Kgl. Preuß. Kunstsammlung 1913.
2) Kern, der Mazzocchio des Paolo Uccello, Jahrb. der Kgl. Preuß.
Kunstsammlungen 1915.

58 II. Teil. Die Anwendung der Mathematik in der Malerei

Es ist möglich, daß die sogenannte Albertische Konstruktion sich der Teilungspunkte nur im Sinne der „costruzione legittima" bedient.

In der Fig. 17a, in der ein quadratisches Netz abgebildet ist, sind beide Konstruktionen ineinander gezeichnet. Die Albertische Konstruktion, die nur zu Unrecht seinen Namen trägt, gründet sich auf die Benutzung der Distanzpunkte D' und D''.

Bei der costruzione legittima vollzieht sich die Teilung folgendermaßen: Ist A der Augenpunkt und AB der Horizont in der Bildebene $MMOP$, so trägt man die Distanz von B aus bis D_1 auf dem Horizont ab und verbindet diesen Punkt D_1 mit den Punkten M, Q, R, S, N, die MN in vier gleiche Teile zerlegen. Wenn man durch die Schnittpunkte dieser Strahlen mit MB, nämlich durch die Punkte T, U, V, W Parallele zu dem Horizonte legt, so werden die Sehstrahlen $A(MQRSN)$ in Teile geteilt, die in Wirklichkeit gleich MQ sind.

Nachdem das wertvollste Rüstzeug der Zentralprojektion geschaffen worden war, konnten die Maler an die Ausarbeitung des Systems gehen. Man hatte sich bisher darauf beschränkt, möglichst einfache Gegenstände abzubilden, und wenn die Ellipse, das zentralkollineare Bild des Kreises, einmal auftrat, dann wurde sie mit mehr oder weniger Geschick aus freier Hand gezeichnet. Kern wies nach, daß in dem Bilde Maria mit dem Kinde (Abb. 19) von *Sandro Botticelli* (1446—1500) zum ersten Male in der Praxis eine Ellipse[1] — es ist die am Fußboden vorn — als perspektivisches Kreisbild konstruiert worden ist.

In engem Zusammenhang mit der Aufgabe der perspektivischen Zeichnung des Kreises steht die Frage, wie die Maler die regel-

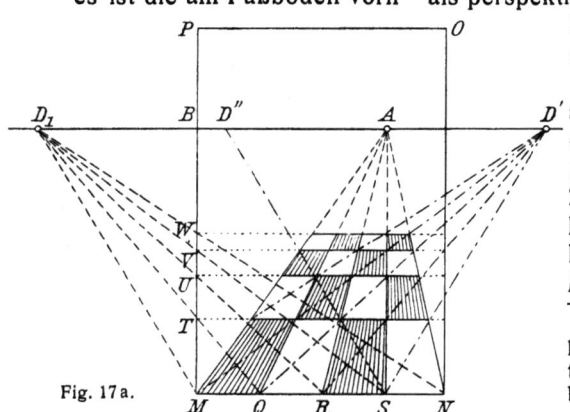

Fig. 17a.

[1] Theoretisch hat diese Konstruktion schon Alberti beschrieben.

Frührenaissance 59

Abb. 19. Botticelli, Maria mit dem Kinde (Phot. Hanfstaengl, München).

mäßigen Vielecke abgebildet haben. Es ist der von Vasari etwas verkannte Grübler *Paolo Uccello* (um 1400), der diese Konstruktion — wohl als erster — ausgeführt hat, und der wohl zu den bedeutendsten Perspektivikern des 15. Jahrhunderts zählt.

Es existieren nämlich von Uccello eine ganze Reihe von Zeichnungen, deren Bedeutung, wie eben erwähnt wurde, Vasari nicht ganz erkannte. Das Motiv ihrer Darstellung wird durch das Gerüst eines italienischen Kleidungsstückes, den sogenannten Mazzocchio, gebildet, der „mit Wolle und Tuch umwickelt, nach Art eines Kranzes auf dem Kopfe getragen wurde". In der Abb. 20 sehen wir eine solche Florentiner Zeichnung, die deutlich zeigt, daß ihre Konstruktion nicht gerade einfach ist. Der Grundriß besteht aus drei regulären

60 II. Teil. Die Anwendung der Mathematik in der Malerei

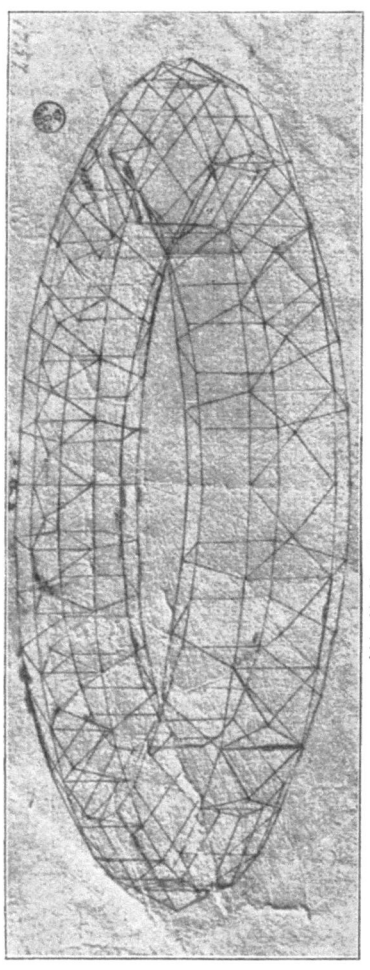

Abb. 20. Uccello, Mazzochio (nach Kern).

Vielecken ($n = 32$), von denen in Wirklichkeit je zwei übereinanderliegen, so daß ein radialer Schnitt ein reguläres Sechseck ergibt. „Auf den Rechtecken an der Stirnseite des Polyeders sitzen vierseitige niedrige Pyramiden."

Das Verdienst von Kern ist es, daß er mit Hilfe neuerer Methoden auf rekonstruierendem Wege dartat, daß diese schwierigen Konstruktionen des Uccello, die unsere Bewunderung erregen müssen, exakte perspektivische Zeichnungen repräsentieren. Die Voraussetzung für die Darstellung dieser Körper ist die Lösung der Aufgabe, ein regelmäßiges Polygon zentral zu projizieren, eine Aufgabe, die anscheinend Uccello zuerst gelöst hat.

Man fragt sich unwillkürlich, warum Uccello so viel Zeit auf die perspektivische Darstellung dieser Körper verwandte, die er doch nur gelegentlich in seinen Gemälden, wie etwa in der „Sintflut" (Fresko in S. Maria Novella), verwertete. Der oben genannte Forscher kommt zu dem wichtigen Ergebnis, daß Uccello die Absicht gehabt haben muß, ein Lehrbuch der Perspektive zu schreiben. Zu einer Zeit, wo Alberti dem Sinne nach schrieb: „Wer keine Geometrie versteht und die Mühe scheut, sich

Fruhrenaissance 61

ihre Kenntnis anzueignen, wird selbst bei größter Begabung nie ein tüchtiger Maler", da mußten sich die Jünger der Malerei eingehend mit der Perspektive beschäftigen. Es bildete sich eine Art landläufigen systematischen Lehrganges — vielleicht seit Uccello — heraus, in dem die Mazzochio-Zeichnungen als Vorstufe der perspektivischen Säulendarstellungen betrachtet wurden. In den alten Lehrbüchern der Perspektive wie etwa in: „prospettiva pingendi" von *Piero della Francesca* oder in der: „pratica della perspectiva" von Daniel Barbaro wird tatsächlich den Mazzocchio-Zeichnungen die genannte Bedeutung zugewiesen.

Außer den perspektivischen Schulen in Florenz (Brunelleschi, Alberti, Uccello) und Mittelitalien (Piero della Francesca) entwickelte sich auch noch eine, wenn auch nicht exakte Schule in Oberitalien, deren Hauptvertreter Mantegna war. (Vgl. hierzu: Brockhaus, De sculptura von Pomponius Gauricus, Brockhaus, Leipzig 1886.)

Dieser knappe Überblick über die praktisch-theoretische Entwicklung der malerischen Abbildung gemäß dem Fluchtpunktsatz kann natürlich noch kein richtiges Bild von den Kämpfen um diese neue Malart geben. Vergleicht man aber das Bild von *Giotto*, Franz von Assisi empfängt die Wundmale (Louvre, Paris), auf dem die Verfolgung der Linienfüh-

Abb. 21. Giotto, Franz von Assisi empfangt die Wundmale (Louvre, Paris)

62 II. Teil. Die Anwendung der Mathematik in der Malerei

Abb. 22. Jan van Eyck, Giovanni Arnolfini und Frau (nach Kern)

rung (Abb. 21) darauf schließen läßt, daß weder Augenpunkt noch Horizont vom Maler angenommen worden ist, mit dem Werk, das der Abb. 16 zugrunde liegt, so wird man einen großen perspektivischen Fortschritt in letzterem anerkennen müssen.

b) Die Niederlande. Die italienische Lehre von der Konvergenz der Tiefenlinien einer Ebene hat ihren Weg nach

Hochrenaissance 63

Abb 23 Petrus Kristus, Madonna mit dem hl Hieronymus und dem hl. Franziskus (nach Kern).

den Niederlanden ohne jede Frage durch Burgund gefunden. Jedenfalls kennt der Burgundische Maler Broederlam die Lehre Ambrogio Lorenzettis. Von Broederlam dürfte sie der Niederländer *Jan van Eyck* (1390—1440) übernommen haben, der mehrfach als Hofmaler Philipps des Guten sich in Burgund (Dijon) aufgehalten hat. Es ist als höchst wahrscheinlich anzunehmen, daß auf diesem Wege die nordische Malerei von der italienischen, speziell sienesischen beeinflußt worden ist. Das bekannte Londoner Gemälde des Jan van Eyck: Giovanni Arnolfini und Frau (Abb. 22), stellt ein Übergangsstadium zur Befolgung der Lehre von der Perspektive des Raumes dar. Der Maler nahm hier im wesentlichen zwei Fluchtpunkte an, einen für die Tiefenlinien des Fußbodens, den anderen für die der Decke. So erinnert dieses Bild aus dem Norden an das auf Seite 54 Abb. 17.

Ein Schüler von Jan van Eyck, *Petrus Kristus*, malte ein Bild: Madonna mit dem heiligen Hieronymus und dem heiligen Franziskus (Abb. 23), Frankfurt a. M., Städelsches Institut, das nach Kern einen Augenpunkt besitzt. Wegen der geringen Bedeutung dieses Schülers schreibt die Kritik wohl mit Recht seinem Lehrer das hohe Verdienst dieser wichtigen Konstruktion zu. Das Bild zeigt, wie die Tiefenlinien des Fußbodens, der Architektur rechts und des Fensters im Hintergrund gegen einen Punkt konvergieren.

Ebenso wie im Süden drang auch im Norden die neue Lehre nicht sofort einheitlich durch. Selbst ein Nachfolger van Eycks und von *Hugo van der Goes* († 1482): Aelbert Bouts († 1549) konstruierte zwar die Verkündigung[1] (Abb. 24 Tafel II) (Pinakothek-München) in bezug auf die Flucht der Orthogonalen ganz genau. Die zahlreichen Tiefenlinien des Fußbodens, der Fenster, der Bank und der Wand links vereinigen sich mit Ausnahme der oberen Kanten der Fensterläden in dem zwar etwas zu tief angenommenen Augenpunkt. Hingegen divergieren die in diesem Beispiel leicht zu zeichnenden 45^0-Linien des quadratischen Fußbodens erheblich; die Distanzpunkte sind vollständig unbestimmt.

2. Die Hochrenaissance. a) Italien. Wenn je der Raum in den Gemälden eine bevorzugte Stellung genoß, so gilt dies von den Werken der großen Maler der italienischen Hochrenaissance, die, anknüpfend an die Errungenschaften der Quattrocentisten, bewußt die Perspektive auch in den Dienst der Komposition stellten und durch Kompositionen, von denen eine perspektivisch-architektonische Wirkung stärkster Art unmittelbar ausgeht, zugleich einen Zusammenhang mit der wirklichen Architektur herstellten.

Man braucht nur die Namen *Raffael* (1483—1520) und *Michelangelo* (1475—1564) auszusprechen, um sich Meisterwerke der Perspektive durch die Erinnerung an Meisterwerke der Kunst zu vergegenwärtigen. Raffaels „Stanzen" und Michelangelos „Sixtinische Decke" bedeuten wohl die Höhepunkte der Perspektive jener klassischen Kunst, die *Leonardo*

---

[1] Das Bild ist bis vor kurzem H. v. d. Goes zugeschrieben gewesen. Eine neue Datierung weist es A. Bouts zu.

Tafel II

Abb. 24. AELBERT BOUTS, VERKÜNDIGUNG.
(Phot. Hanfstengl, München.)

Hochrenaissance

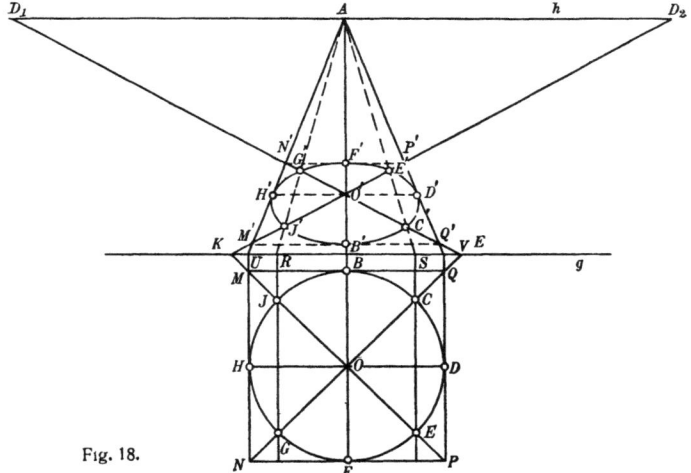

Fig. 18.

eingeleitet hatte. In seiner Werkstatt aber war die Mathematik eine mit Liebe gepflegte Wissenschaft. Einer von Leonardos zahlreichen Schülern Giovanni Boltraffio sagt unter anderem in seinem Tagebuch[1]): „Hier mein Lehrplan: Perspektive, Maße und Verhältnisse des menschlichen Körpers, Zeichnen nach Vorlage guter Meister, Zeichnen nach der Natur." Und weiter heißt es[2]): „Heute gab mir mein Kollege Marco d'Oggionno ein Buch über die Perspektive, das den Worten des Meisters nachgeschrieben ist. Es fängt folgendermaßen an: Der Sonnenschein ist die größte Freude für den Körper, die **Klarheit der mathematischen Wahrheit die größte Freude für den Geist. Das ist auch der Grund, daß die Wissenschaft der Perspektive allen anderen menschlichen Forschungen und Erkenntnissen vorzuziehen ist.** Denn dabei verbindet sich die Betrachtung der strahlenden Linie — la linea radiosa — mit der Klarheit der Mathe-

---

1) Aus Mereschkowsky, Leonardo da Vinci, Schulze & Co., Leipzig 1914.
2) Herr v. Seidlitz, Generaldirektor der Kgl. sächsischen Museen hatte auf eine Anfrage die Güte, mir mitzuteilen, daß diese letzte Stelle wahrscheinlich nicht authentisch ist, während der auf dem Lehrplan bezügliche erste Satz Leonardos Traktat entnommen ist.

matik und das größte Labsal für das Auge mit dem größten Labsal des Verstandes."

Das erwähnte Hauptwerk Leonardos, das sich im Kloster St. Maria delle Grazie zu Mailand befindet und das von Goethe in seinem Aufsatz: „Ferneres über Kunst" in geradezu klassischer Form besprochen und erklärt wird, ist exakt konstruiert worden, wie der Augenpunkt A, der Horizont H und die Distanzpunkte D_1 und D_2 (Abb. 25 Tafel III) lehren. Die Tiefenlinien der Decke und die oberen Linien der vierzehn Wandfelder rechts und links besitzen Konvergenz gegen den Augenpunkt A. Der Horizont läuft durch A parallel der Tischkante, den Falten der Tischdecke und den wagrechten Linien der Decke. Die Bestimmung der Distanzpunkte ergibt sich auf der quadratischen Einteilung der Decke durch die Diagonalen, die sich in D_1 und D_2 schneiden. Schließlich ist der Raum durchaus symmetrisch angelegt, wie es die Einzeichnung der Vertikalen ergibt. Mathematisch freiheitlich hat Leonardo hinsichtlich der Darstellung des Tellers und der Wandfelder gearbeitet. Wie die Schnittlinien des durch den Teilungspunkt T, der sich im Kopf des zweiten Jüngers von rechts befindet, und die Endpunkte der oberen Begrenzungslinien der Felder rechts gehender mit einer Parallelen zum Horizont, also die Linien AB, CD und EF zeigen, sind diese Felder, die gleiche Breite besitzen sollen, durchaus nicht gleich. Bei einer Prüfung der linken Wand findet man das gleiche Ergebnis.

In Fig. 18 ist das perspektivische Bild eines Kreises mit Hilfe des umschriebenen Quadrates und seiner Diagonalen gezeichnet worden, um daran zu erinnern, wie der Maler etwa bei der zentralkollinearen Abbildung des Kreises verfahren kann. Die Rekonstruktion schlägt den Rückweg ein. Die Tangenten an dem Teller von A aus und parallel dem Horizont bilden ein Viereck $MNOP$, dessen Diagonalen aber nicht, wie es eigentlich die genaue Ausführung erheischt, durch die Distanzpunkte gehen. Sie schneiden den Horizont in zwei Punkten F_1 und F_2. Während die perspektivische Verzeichnung im ersten Falle wohl sicherlich ein Konstruktionsfehler ist, scheint im zweiten Falle ein tieferer Grund die Ursache zu sein. Hätte Leonardo die Konstruktion der Ellipse exakt ausgeführt, so würde sich auf dem Tisch ein Teller befinden, der wegen seiner Schmalheit unser ästhetisches Gefühl verletzen würde.

Additional material from *Mathematik und Malerei,*
ISBN 978-3-663-15304-7 (978-3-663-15304-7_OSFO2),
is available at http://extras.springer.com

Abb. 26. Tizian Vecellio, Die Erscheinung der Jungfrau (Phot. Hanfstaengl, München).

68 II. Teil. Die Anwendung der Mathematik in der Malerei

Neben den Zeichnern Raffael und Leonardo darf der farbenprächtige Tizian Vecellio (1477—1576) hier nicht vergessen werden. Welch herrliche Räume Tizian mit seiner Perspektive hervorzauberte, möge Abbildung 26: Die Erscheinung der Jungfrau dartun.

Die Perspektive der italienischen Hochrenaissance (1470 bis 1550) gelangte auf den Wegen der humanistischen Bewegung durch Künstler und Gelehrte nach dem Norden. Seinem Vaterland vermittelte in der Hauptsache Albrecht Dürer die Kenntnis der italienischen Perspektive. In den Niederlanden bildete ihr System *Vredemann de Vrieß* (J. van Eyck, Dirck Bouts) mit großem Erfolg weiter.

b) Deutschland. Vor Dürer gab es in Deutschland verschiedene Malerschulen, wie in Süddeutschland, am Mittelrhein und am Niederrhein Die Tiefe spielte in den Gemälden der damaligen Zeit noch eine untergeordnete Rolle, man benutzte meist einen goldenen Hintergrund, der der Schwierigkeit der räumlichen Darstellung von vornherein überhob. Und sogar spätere Meister wie *Stephan Lochner* (z. B. im Kölner Dom) u. a. halten noch an diesem Prinzip fest. Die deutsche Malerei ist erst durch die Niederländer, hauptsächlich durch Jan van Eyck, angeregt worden, den Hintergrund räumlich weiter auszugestalten.

Aus einer unendlichen Zahl von Beispielen greifen wir zwei „primitive" Werke heraus: ein Bild des Ulmer Malers *Martin Schaffner* (1508—1535) und ein Bild von einem jener vielen noch unbenannten und unbekannten rheinischen Maler: *Nachfolger des Meisters des Marienlebens* (Meister des Marienlebens 1460—1490).

1. M. Schaffner, Verkündigung Mariä (Abb. 27) Phot. Hanfstaengl-München. Dieses Bild, das sich in der Kgl. Pinakothek in München befindet, besitzt weder Fluchtpunkt noch Distanzpunkt. Die zahlreichen Tiefenlinien am Fußboden, an den Säulen und am Schrank besitzen starke Divergenz, so daß von einem Fluchtpunkt nicht die Rede sein kann. Das Bild gehört zu jener Gruppe, bei der die reiche Architektur die Mängel der räumlichen Formation teilweise verdeckt.

2. Nachfolger des Meisters des Marienlebens: Aus dem Leben des heiligen Bruno (Abb. 28).

Man sucht natürlich zuerst wieder nach dem Augenpunkt. Es sind dafür zahlreiche Anhaltspunkte vorhanden:

Hochrenaissance 69

a) Die drei Aufbahrungen im Vordergrund. Die Verfolgung der Tiefenlinien der Geländer, auf denen die Kerzen stehen, ergibt 3 Schnittpunkte.

b) Die Seitenwände der Mitte der Kirche lassen bei der anscheinend symmetrischen Anordnung einen Fluchtpunkt vermuten, der sich aber nicht bestätigt, wobei noch hervorgehoben werden muß, daß die Begrenzungslinie der beiden vorderen Bogen links nicht mit der des dritten zusammenfällt.

c) Die Wand links zeigt mehrere Kanten, die nach dem Augenpunkt gerichtet sein müßten. Es ist aber nicht der Fall.

Abb. 27. M. Schaffner, Verkündigung Mariä
(Phot. Hanfstaengl, München).

Von den zahlreichen Orthogonalen des Fußbodens wurden drei herausgegriffen, die wiederum keine Flucht ergaben.

Wenn man nun nach den Distanzpunkten sucht, so tastet man ebenfalls im Dunkeln. Es wurde eine solche Diagonale vorn eingezeichnet, die aber nicht mit den entsprechenden Diagonalen zusammenfällt. So sieht man, daß dieses Gemälde mathematisch ein regelloses Durcheinander repräsentiert.

Abb. 28. Nachfolger des Meisters des Marienlebens, Aus dem Leben des hl. Bruno (Wallraf-Richartz-Museum in Köln).

Abb. 29. Nürnberger Meister um 1460, Die Verlobung der hl. Katharina
(Phot. Hanfstaengl. München).

72 II. Teil. Die Anwendung der Mathematik in der Malerei

3. Etwas günstiger gestaltet sich das Einzeichnungsergebnis in dem Bilde eines Nürnberger Meisters: Die Verlobung der heiligen Katharina (Abb. 29), das um 1460 entstanden ist. Die Tiefenlinien der Decke besitzen Konvergenz, auch die der rechten Wand.

Was an diesen Beispielen auffällt, das ist der Umstand, daß auch nicht einmal eine vollkommen richtige Konstruktion vorhanden ist. Die deutsche Malerei stand damals eben in perspektivischer Hinsicht hinter der des Auslandes stark zurück. Eine neue Ära begann mit Albrecht Dürer.

Albrecht Dürer.

Dürers Werdegang ist in mehreren ausgezeichneten Werken bearbeitet worden, von denen das von *A. Springer* (A. Dürer, Berlin 1892) und das neuere von *Wölfflin* (Die Kunst Albrecht Dürers, Bruckmann, München, 2. Aufl. 1908) besonders erwähnt seien. Die Bilder, die er nach seinen Lehr- und ersten Wanderjahren schuf, zeigen deutlich den Einfluß der altdeutschen Malerei, und sie zeigen ferner in ihrer ganzen Anlage, in der ganzen Technik die Vorzüge und Schwächen dieser Kunst. Seine eigentliche Entwicklung erfuhr er auf perspektivischem Gebiet aber erst von da ab, wo er mit den Renaissancebewegungen näher bekannt wurde, die wie das Bild seiner Kunst überhaupt den ganzen inneren Menschen bei Dürer umwandelt.

Dürer war eine leicht empfängliche Natur, ein Mann, der sich für den Zeitgeist erwärmen konnte. Und dieser Geist wirkte durch den Verkehr im Hause des vielseitigen Gelehrten *Pirckheimer*, der Hochburg des Humanismus in Nürnberg, stark auf ihn ein. Die Beschäftigung mit humanistischen Studien aber zog ihn in den Bann der euklidischen Geometrie und der optischen Wissenschaften, die in Nürnberg eine besondere Pflegestätte gefunden hatten. Als er daher im Jahre 1503 an den kursächsischen Hof nach Wittenberg gerufen wurde, wo der Italiener *Jacopo de' Barbari*[1]) (Titelbild) als

---

1) Über Jacopo de' Barbaris Leben wissen wir nach einem Aufsatz von Justi im Repertorium der Kunstwissenschaft Bd. 21 (Verlag Reimer, Berlin), daß er um 1440/50 in Venedig geboren wurde. Auf seiner Reise nach dem Norden wird er am 8. April 1500 vom Kaiser in Augsburg zu seinem „contrafeeter und illumi-

Hochrenaissance

Hofmaler tätig war, nahm er dessen neue Anregungen in sich auf, er begann, sich mit der Perspektive zu beschäftigen, er fing an den Vitruv, den ihm Jacopo besonders warm empfohlen hatte, zu studieren, wobei ihm die Hilfe seines Freundes Pirckheimer sehr willkommen war.

Hinsichtlich der Befolgung der perspektivischen Malerei ist ein südfranzösisches Werk eines Touler Mönches, namens *Jean Pélerin*, der sich lateinisiert auch *Viator* nannte, von besonderem Einfluß[1]) auf Dürer gewesen. Er benutzte dieses Werk auch als Vorlage zu seinen Arbeiten, ja er soll sogar direkt einmal daraus kopiert haben.[2]) Die Schrift hat im Jahre 1505 in Nürnberg existiert und wird also um diese Zeit von Dürer benutzt worden sein. Im Jahre 1509 erschien es im Selbstverlag von *Jörg Glogkendon*[3]) in deutscher Übersetzung.

Von besonderem Einfluß ist auf Dürers Werdegang seine zweite italienische Reise (1505—1507) gewesen, wo er den Geist Leonardo da Vincis und des italienischen Humanismus direkt auf sich wirken ließ. Sie dürfte die eigentlichen Grundlagen für seine weitere Ausbildung als Perspektiviker gelegt haben. Im Herbst 1506 schrieb er an Pirckheimer aus Venedig: „Ich bin in noch 10 Tagen hier fertig; darnach werde ich nach

---

nisten" ernannt. Im Jahre 1503 steht er als Hofmaler in kursächsischem Dienst und arbeitet als solcher in Wittenberg und Naumburg. Von den folgenden Daten wäre zu erwähnen: 1504/05 hält er sich in Nürnberg auf; 1507 malt er den Herzog und die Herzogin von Mecklenburg; 1508 weilt er in Frankfurt a. O. bei Joachim I; 1510 findet man ihn in den Niederlanden; 1516 gilt er als verstorben, der Tag seines Todes ist nicht bekannt.

1) Den südfranzösischen Einfluß auf Dürer hat zuerst *Alfred Lichtwark* in seinem Buche: „Ornamentstich der deutschen Frührenaissance" (Weidmannsche Buchhandlung, Berlin 1888) klargelegt.

2) Der Hintergrund von Dürers: Darstellung im Tempel, einem Bild aus der Holzschnittserie: Marienleben, soll nach einer Vorlage des Pélerinschen Buches entworfen worden sein. E. Panofsky hat in seinem vor einigen Wochen erschienenen Buche: Durers Kunsttheorie (Reimer, Berlin) diese Abhängigkeit bestritten. Diese höchst interessante und inhaltreiche Arbeit sucht Dürers Beziehungen zur italienischen Kunst klarzulegen und gelangt zu neuen, teilweise recht überzeugenden Ergebnissen.

3) Man findet auch die Schreibweise Glockenton und auch Glockendon.

Bologna reiten, um der Kunst in geheimer Perspektive willen, die mich einer lehren will." Und dieser eine war vielleicht der Mathematiker *Luca Pacioli* (etwa 1445—1541) (Titelbild), ein Schüler des Malers und Geometers *Piero della Francesc*a und Jacopos Lehrer. Pacioli, der mit Leon Battista Alberti und mit Leonardo da Vinci befreundet war, konnte also unserem Dürer die besten Anregungen geben.

Unter diesen und ähnlichen Einflüssen stand also Dürers Entwicklungsgang. Von etwa 1503 ab war ihm die Befolgung der Perspektive strengstes Gesetz. Fast alle Bildarchitekturen dieser neuen Zeit sind mit mathematischer Genauigkeit dargestellt und zeigen in der Beherrschung des Raumes recht gutes Geschick. Infolgedessen bieten auch fast alle späteren Bilder unseres Nürnberger Malers reichen Stoff für Beispiele mathematisch exakter Ausführungen im Raume.

Es sei noch ein Beispiel herangezogen, und zwar aus den Holzschnittbildern des Marienlebens das Blatt: Die Verkündigung (Abb. 30). Zahlreiche Linien streben dem Fluchtpunkt zu. So von der Treppe die Kanten, von dem kleinen Häuschen im Hintergrund der First, die Dachkante und die eine Grundlinie, von den drei Gewölbebogen die inneren Verbindungen zwischen dem Gemäuer, die Tiefenlinien des quadratischen Fußbodens im Hintergrund, die Kanten des vorderen Schrankes rechts, die Tiefenlinien des Vorhanges im Mittelgrund und die drei Balken der Decke. Die Distanz ist in diesem Beispiel auch nicht zu klein gewählt; man kann sie durch den Schrank vorn rechts, der quadratischen Querschnitt besitzt, finden.

Dieses Beispiel gibt uns einen Beleg für die Konstruktion eines Gewölbebogens in Vordersicht. Wir wollen sie nur an dem vorderen Teil erläutern. Der Mittelpunkt M_1[1]) dieses Halbkreises mit dem Durchmesser CD liegt in der Mitte der oberen Kante des Brettes. Der geometrische Ort für den Mittelpunkt des hinteren Kreisbogens ist erstens die Verbindungslinie $M_1 A$ und zweitens der Durchmesser; dieser Durchmesser kann dadurch bestimmt werden, daß man die Punkte findet, in denen der Kreisbogen das Brett trifft. Geometrische Örter für diese Punkte sind CA und DA. In diesem

---
[1]) Die Buchstaben sind aus praktischen Gründen nicht in die Abbildung eingezeichnet worden.

Abb. 30. Albrecht Dürer, Verkündigung (Marienleben).

Fall kann man zur Auffindung von M_2 die Sehnenmittelsenkrechte zu Hilfe nehmen; allerdings kommt dieser letzte Fall weniger vor.

Dürers Einfluß auf die deutsche Malerei ist recht bedeutend gewesen. Man muß es als ein ganz besonderes Verdienst

76 II. Teil. Die Anwendung der Mathematik in der Malerei

hervorheben, daß er wenigstens einen Teil dessen, was er an perspektivischen Kenntnissen in sich aufgenommen und in sich verarbeitet hatte, nun auch schriftlich niederlegte. Und zwar sind es zwei seiner Schriften, die der Malerei gewidmet sind. An erster Stelle wäre das erste deutsche Lehrbuch der Perspektive zu nennen:

Underweysung der messung mit dem zirckel und richtscheydt (1525 Nürnberg)

und ferner das stark unter dem Eindruck Vitruvs stehende Buch:

„*Aus der Proportionslehre. Hierin sind begriffen vier bücher von menschlicher proportion durch Albrechten Dürer in Nürenberg erfunden und beschrieben zu nutz allen denen, so zu dieser kunst lieb tragen*" Pirckheimer gewidmet (Nürnberg 1528).

Auch eine Befestigungslehre hat Dürer geschrieben.

Die ebenfalls seinem Freund Wilbolden Pirckheimer gewidmete „Underweysung" zerfällt in vier Bücher, von denen das erste von den Linien, das zweite von den Flächen, das dritte von den Körpern handelt, während das letzte eine kurze Lehre von der Perspektive bringt, und zwar ist es der Würfel, der zur Darstellung gelangt. Das für unsere Zwecke Grundlegende dieses inhaltreichen Werkes ist, daß Dürer für die perspektivische Grundlage jeglicher Gemälde eintritt. Im übrigen aber ist es schwierig, den oben skizzierten Inhalt genauer anzugeben, denn es paaren sich darin so vielseitig Theorie und Praxis, daß man mitunter den „roten Faden" vermißt.

Zweifellos lag des Mathematikers Dürer stärkste Seite in der Geometrie, wie das in der Behandlung der damals noch schwierigen Probleme der Kegelschnittlehre, der Verdoppelung des Würfels, der Trisektion des Winkels und vor allem der Konstruktion von Apparaten zum Handwerksgebrauch für geometrische Figuren selbst schwieriger Art sich ergibt. Aber Dürer scheint sich auch mit der Algebra, besonders mit der Zahlentheorie befaßt zu haben, worauf folgendes magische Quadrat hinweist, das sich auf der Gebäudefläche seines Kupferstiches: „Melancholie" (Abb. 31) findet:

16	3	2	13
5	10	11	8
9	6	7	12
4	15	14	1

Idealfiguren 77

Abb. 31. Albrecht Dürer, Melancholie.

Es gipfelt in der Zahl 34. Dieser Kupferstich, der Dürers Trauer nach dem Tode seiner Mutter symbolisch darstellt, wird in seiner merkwürdigen inhaltreichen Kombination nur verständlich, wenn man seine Entstehungsgeschichte kennt. Man findet darüber einige Angaben in Wustmann, Dürer, Natur und Geisteswelt, Bd. 97, B. G. Teubner, Leipzig.

78 II. Teil. Die Anwendung der Mathematik in der Malerei

Abb. 32. Albrecht Dürer, Selbstbildnis (nach Justi).

II. IDEALFIGUREN DER PORTRÄTMALEREI

Das zweite Werk, die Proportionslehre, zu der Dürer durch das Studium des Vitruv, durch den Verkehr mit italienischen Führern der Malerei z. B. mit Jacopo de' Barbari, dem späteren Hofmaler Maximilians, wahrscheinlich angeregt worden war, stellt als Hauptforderung die auf, daß der menschliche Körper, soll er sich in seiner Vollkommenheit repräsentieren, proportional gesetzmäßig gestaltet sein müsse. Auch der Einfluß der Gotik mit ihrer Architektur-Proportionslehre und ein gewisser romantischer Zug der Zeit mögen Dürer auf seine Proportionszeichnungen des Menschen geführt haben.

Idealfiguren 79

Abb. 33. Albrecht Dürer, Madonna aus den Uffizien (nach Justi)

Übrigens sei erwähnt, daß die Proportionslehre oft in der Literatur zu finden ist, daß man sogar so weit ging, daß außer den Tieren — vor allem spielt das Pferd dabei eine große Rolle — auch die Gestaltung der Pflanzen mathematischen Gesetzen unterliege.

Wir wollen im folgenden nur einige kurze Angaben aus Dürers Proportionenlehre machen und folgen dabei dem um die Erforschung Dürers sehr verdienten Professor Dr. Justi, Direktor der Kgl. Nationalgalerie in Berlin.

Bezeichnen wir die Länge des Menschen mit l, so ist die Länge vom Kopf $= \frac{1}{8}l$, Gesicht $= \frac{1}{10}l$, Oberkörper $= \frac{1}{2}l$, Unterarm $= \frac{1}{4}l$. Es ist die Breite der Brust $= \frac{1}{6}l$, der Schultern $= \frac{1}{4}l$; ferner ist die Länge der Hand $= \frac{1}{10}l$, des Fußes

80 II. Teil. Die Anwendung der Mathematik in der Malerei

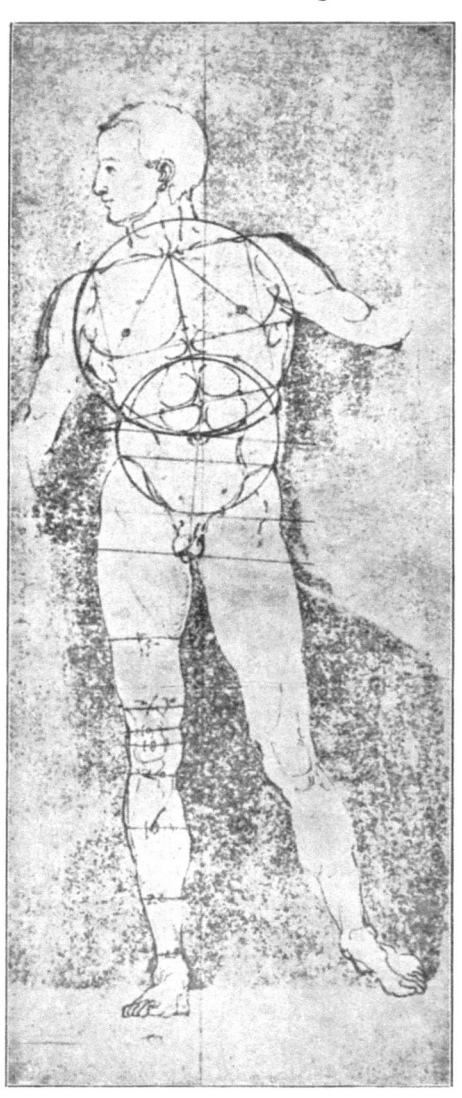

Abb. 34. Albrecht Dürer, Konstruierter Körper. Adam, Wien (Albertina).

$= \frac{1}{6} l$. Schließlich muß die Proportion bestehen: Rumpf: Oberschenkel = Oberschenkel: Unterschenkel oder wie Dürer sagt: („Halsgrüblein" bis „End der Hüft"): (von da bis zum unteren Rand der Knie) = (von da bis zum unteren Rand der Knie) : (bis zum unteren Ende des Schienbeines).

Was nun die Gestaltung des Kopfes angeht, so verhält sich : Kopf : Gesicht = 5 : 4, woraus erhellt, daß die Scheitelhöhe $= \frac{1}{40} l$ beträgt.

Das Gesicht, das in der Abb. 32 mit den eingezeichneten Linien angegeben ist, muß ein für allemal bei männlichen Personen wie folgt gestaltet sein. Es zerfällt in drei gleiche Teile: 1. Stirn —Augenlinie, 2. Augenlinie — Nasenspitze, 3. Nasenspitze—Kinn. Führen wir nun für einen solchen Abstand, wie

Idealfiguren 81

z. B. Nasenspitze — Kinn die Größe a ein, so muß ferner sein in der Längsrichtung: (Kinn—Mund)$=\frac{3}{2}a$, (Mund—Nasenspitze $=\frac{1}{3}a$, (Nasenspitze — Nasenflügel) $= \frac{1}{4}a$, Augenhöhe $= \frac{1}{3}a$. Und in der Gesichtsbreite muß man folgende Maße annehmen: (Mittellinie — innerer Augenwinkel) $=\frac{3}{10}a$, (Mittellinie — äußerer Augenwinkel) $= \frac{3}{4}a$, Mundbreite $=\frac{3}{5}a$. Für die Frauenköpfe gilt im allgemeinen dasselbe, nur ist die Gestaltung des Mundes etwas anders, nämlich (Abb. 33) (Kinn — oberer Kinnrand) $= \frac{1}{2}a$, (Oberer Kinnrand — Mund) $= \frac{1}{4}a$.

Auch der Oberkörper läßt sich nach Dürer durch eine verwickelte Konstruktion darstellen (Abb. 34). Zum Schluß sei noch auf das rechte Bein dieses von Dürer uns überlieferten Kupferstiches hingewiesen (Abb. 34), wo die eingeschriebenen Zahlen die Nenner der Stammbrüche sind, die man an „l" zu setzen hat, um die Breite des Beines an der betreffenden Stelle zu erhalten.

SCHLUSSBEMERKUNG

Mit den Beziehungen der Mathematik zur Malerei sind ihre Verknüpfungen mit der Kunst noch nicht erschöpft. Insbesondere hat die Geometrie auch in der Kompositionslehre eine große Bedeutung, und es wäre sicherlich eine dankbare Aufgabe, die wichtigsten Gemälde einer Epoche, wie etwa des Zeitalters der Renaissance, systematisch auf den mathematischen Gehalt ihrer Komposition zu untersuchen. Schon von alters her spielt die mathematische Rechnung in der Baukunst eine bedeutsame Rolle, die ihrerseits, wie z. B. in Ägypten, rückwirkend förderlich gewesen ist. Neuerdings sind Mathematik und Architektur in der Photogrammetrie einander noch nähergetreten. Daß die Plastik der Perspektive bedarf, mag zunächst wunderlich erscheinen. Freilich sind diese Beziehungen auch recht schwierig. Sie werden klargelegt in der sogenannten Reliefperspektive. Eine Geschichte des malerischen Reliefs ist zwar noch nicht geschrieben, sie gehört aber zu den interessantesten Kapiteln der Entwicklung der Perspektive überhaupt.

LITERATURVERZEICHNIS

Burger, Handbuch der Kunstwissenschaft. Akademische Verlagsgesellschaft Athenaion, Berlin-Neubabelsberg.

Cantor, Vorlesungen über Geschichte der Mathematik. 4 Bde. B. G. Teubner, Leipzig.

Doehlemann, Die Entwicklung der Perspektive in der altniederländischen Kunst. Repertorium für Kunstwissenschaft Band 34, Heft 5 und 6. Reimer, Berlin 1902.

Dürer, Albrecht, Schriftlicher Nachlaß. Herausgegeben von E. Heidrich. J. Bard, Berlin 1908.

Justi, Konstruierte Figuren und Köpfe unter den Werken Albrecht Dürers. Hiersemann, Leipzig 1902.

— Jacopo de' Barbari und Albrecht Dürer. Repertorium für Kunstwissenschaft, Band 21. Reimer, Berlin.

Kern, Die Grundzüge der linear-perspektivischen Darstellung in der Kunst der Gebrüder van Eyck und ihrer Schule. Seemann, Leipzig 1904.

— Eine perspektivische Kreiskonstruktion bei Sandro Botticelli. Jahrbuch der Kgl. Preuß. Kunstsammlungen 1905, Heft III.

— Perspektive und Bildarchitektur bei Jan van Eyck. Repertorium für Kunstwissenschaft Band 35, Heft 1. Reimer, Berlin 1912.

— Die Anfänge der zentralperspektivischen Konstruktion in der italienischen Malerei des 14. Jahrhunderts. Mitteilungen des kunsthistorischen Instituts in Florenz. 2. Band, 2. Heft, Cassirer, Berlin 1913.

— Das Dreifaltigkeitsfresko von S. Maria Novella. Jahrb. der Kgl. Pr. Kunstsamml. 1913.

— Der Mazzocchio des Paolo Uccello. Jahrb. der Kgl. Preuß. Kunstsamml. 1915.

Kleiber, Angewandte Perspektive. J. J. Weber, Leipzig 1912.

Kühnel, Leonardo da Vinci. Volksbücher der Kunst. Velhagen & Klasing, Bielefeld.

Mancini, L'opera „De Corporibus Regularibus" di Pietro Franceschi detto dello Francesca Usurpata da Fra Luca Pacioli. Tipografia della R. Academia dei Lincei. Roma 1916.

Niemann, Handbuch der Linearperspektive. 2. Aufl. Union Deutsche Verlagsgesellschaft. Stuttgart, Berlin, Leipzig.

Panofsky, Dürers Kunsttheorie, vornehmlich in ihrem Verhältnis zur Kunsttheorie der Italiener. G. Reimer, Berlin 1915.

Literaturverzeichnis

Panofsky, Das perspektivische Verfahren Leone Battista Albertis. Kunstchronik 1915, S. 506f.
— Durers Darstellung des Apollo und ihr Verhältnis zu Barbari. Jahrb. d Preuß. Kunstsammlungen 1920, S. 359f.
Rapke, Die Perspektive und Architektur auf den Dürerschen Handzeichnungen usf. Heitz, Straßburg 1902.
Schilling, Über die Anwendungen der darstellenden Geometrie, insbes. über die Photogrammetrie. B. G. Teubner, Leipzig 1904.
Schmarsow, Melozzo da Forli. Berlin u. Stuttgart, W. Speemann 1886.
Schmehl, Die Elemente der darstellenden Geometrie. 2 Teil. Roth, Gießen 1906.
Schreiber, Malerische Perspektive. Herder, Karlsruhe 1854.
Schuritz, Die Perspektive in der Kunst Dürers. Heinrich Keller, Frankfurt a. M. 1919.
Staigmüller, Dürer als Mathematiker. Progr. des Kgl. Realgymn. in Stuttgart 1891.
Vasari, Giorgio, Lebenbeschreibungen der berühmtesten Architekten, Bildhauer und Maler. J. H. Ed. Heitz, Straßburg.
Wedepohl, Asthetik der Perspektive. Ernst Wasmuth, Berlin 1919.
Wieleitner, Zur Erfindung der verschiedenen Distanzkonstruktionen in der malerischen Perspektive. Repertorium der Kunstwissenschaft 1920, S. 249f.
— Geschichte der Mathematik II, 2, S. 108f. (Sammlung Schubert Bd. 64) Ver. wiss. Verl. Berlin 1921.
— Geschichte der Mathematik I, S. 70f. (Sammlung Göschen Bd. 226) Ver. wiss. Verl. Berlin 1922.
Wolff, Neue Perspektiven für die Geschichte der Perspektive. Ztschr. für math. und naturw. Unterricht, Band 46, Heft 5. B. G. Teubner 1915.
Wölfflin, Kunstgeschichtliche Grundbegriffe. 3. Aufl. H. Bruckmann, München 1918.

VERZEICHNIS DER ABBILDUNGEN

Nr.   Seite

Titelbild, Jacopo de Barbari: Fra Luca Pacioli erklärt dem Herzog Guidobaldo von Urbino ein mathematisches Problem.
1. Dürer, Perspektive der Laute 9
2. Dürer, Perspektive der Vase 10
3. Durer, Der Porträtdurchzeichner 11
4. Dürer, Die Glastafelmethode 13
5. Der Paradiesgarten, mittelrheinisch 14
6. Leonardo da Vinci, Studie zu der Anbetung der Könige. 19
7. Dürer, Hieronymus im Gehäuse 21
8. Raffael, Die Schule von Athen 26
9. Paolo Veronese, Hochzeit zu Kana 35
10. Cranach, Kardinal Albrecht von Brandenburg als Hieronymus (Tafel I)
11. Renntier- und Mammut-Zeichnung aus der paläolithischen Periode 48
12. Ägyptisches Grabgemälde 49
13. Griechische Vasenbilder 50
14. Pompejanisches Wandgemälde 51
15. Pompejanisches Wandgemälde 52
16. Giotto, Vision des Augustinus und des Bischofs . . . 53
17. Lorenzetti, Verkündigung von 1344 54
18. Masaccio, Dreifaltigkeitsfresko 56
19. Botticelli, Maria mit dem Kinde 58
20. Uccello, Mazzocchio 60
21. Giotto, Franz von Assisi empfängt die Wundmale . . . 61
22. Jan van Eyck, Giovanni Arnolfini und Frau 62
23. Petrus Kristus, Madonna mit dem heiligen Hieronymus und dem heiligen Franziskus 63
24. Aelbert Bouts, Verkündigung (Tafel II).
25. Leonardo da Vinci, Das Abendmahl (Tafel III)
26. Tizian Vecellio, Die Erscheinung der Jungfrau 67
27. M. Schaffner, Verkündigung Mariä 69
28. Nachfolger des Meisters des Marienlebens, Aus dem Leben des heiligen Bruno 70
29. Nürnberger Meister um 1460, Die Verlobung der hl. Katharina 71
30. Dürer, Verkündigung (Marienleben) 75
31. Dürer, Melancholie 77
32. Durer, Selbstbildnis 78
33. Dürer, Madonna aus den Uffizien 79
34. Dürer, Konstruierter Körper 80

NAMEN- UND SACHREGISTER

Ackermann 44
Ägypter 48
Alberti, L. B. 58 f. 74
Alhazen 57
Alinari, F. 45
Amsler 45
Anderson, D. 45
Augendistanz 16
Augenpunkt 16, 22

Babylonier 48
Barbari, Jacopo, 72, 78, Titelbild
Beckert, F. 34
Beleuchtungsstärke 12
Boltraffio, G. 65
Botticelli, S. 58
Bouts, Aelbert 62
Bouts, Dirck 68
Braun & Co. 45
Brockhaus 61
Brogi, G. 45
Bruckmann, F. 45
Brunelleschi, F. 57 f.
Burger 82
Burmester 36

Cantor 82
Cranach, L. 39

Distanz 16, 28 f.
Distanzpunkte 18
Doehlemann 82
Dürer, Albrecht, 9, 10, 11, 13, 20 f., 27, 33, 39, 46, 66 f.
Dyck, W. 36

Euklid 50
Eyck, H. van 11
Eyck, J. van 11, 62

Fluchtpunktsatz 15
Froschperspektive 23

Giotto, 55, 61
Glogkendon, J. 73
Goes, Hugo van 64
Griechen 49

Haack s. Lübke
Hamann, R. 45
Hanfstaengl, F. 45
Hauptpunkt 16
Heidrich, E. 45
Herkulaneum 49
Heron 50
Hieronymus (Cranach) 40
Hieronymus (Dürer) 20, 27
Hiersemann, K W. 45
Holbein 39
Horizont 16, 22

Justi 72, 78 f., 82

Kavalierperspektive 23
Kern, G. J. 47 f., 50, 60, 82
Kleiber 82
Kolorit 9
Kristus, P. 63
Kuehl 34
Kuhnel 82
Kunstwart-Verlag 45

Lambert 12
Leonardo da Vinci 18, 25, 33, 46, 65 f., 74
Lichtwark 73
Lochner 68
Löschhorn, H. 44
Lorenzetti, A. 55
Lübke 44
Ludwig, H. 18

Mancini 82
Masaccio 57
Mazzachio 61
Mereschkowsky 65
Michelangelo 64 f.
Mittelrheinischer Maler 14

Nachfolger des Meisters des Marienlebens 68 f.

Niemann 82
Nürnberger Meister um 1460 68 f.

Pacioli, L. 74
Paläolithische Periode 48
Panofsky, E. 73, 82
Pélerin, J. 73
Piero della Francesca 61 f., 74
Pirckheimer 72
Plinius 55
Pompeji 49
Ptolemaus 54

Raffael 25, 34, 64 f.
Rapke 83
Ruthardt s. Amsler

Schaffner, M. 68, 69
Schilling 83
Schmarsow 83
Schmehl 83
Schreiber 33 f., 83
Schuritz 83
Seemann, E. A. 45
Semrau s. Lübke
Springer, A. 44, 72
Staigmuller 83
Symmetrie 23, 24

Teilungspunkte 30
Tiefenlinie 17

Uccello, P. 59 f.

Vasari, G. 57
Vasari 57, 83
Veronese, P. 25, 34
Viator 73
Vitellio 57
Vitruv 73 f.
Vogelperspektive 23
Vredemann de Vrieß 68

Wedepohl 83
Wickenhagen, E. 44
Wieleitner 83
Wölfflin 72, 83

Soeben erschien:

R. HAMANN
Professor an der Universität Marburg

DIE DEUTSCHE MALEREI
VOM ROKOKO BIS ZUM EXPRESSIONISMUS

Mit 362 Abbildungen im Text u. 10 mehrfarb. Tafeln. Schrift und Einband von W. Tiemann. Geh. M. 28.—, in Buckram= leinen mit Goldaufdruck M. 36.—, in Halbleder M. 45.—

In dieser neuen Darstellung erscheint grundlegend für das Verständnis der Kunst des 19. Jahrhunderts die Entwick= lung des Naturgefühls in einer dem Malerischen fern= stehenden, auf einer durch und durch menschlichen Teil= nahme an der Natur beruhenden Versenkung in alles Lebendige um uns. So wird die Darstellung der deutschen Malerei von dem Entstehen des Naturgefühls im aus= gehenden 18. und beginnenden 19. Jahrhundert über Klassi= zismus und Romantik bis zu der Kunst der großen Maler Böcklin, Feuerbach, Leibl, Hans von Marées, Thoma ver= folgt, die weitere Entwicklung als Überwindung des Na= turalismus durch eine neue Betonung der Bildmittel, von Farbe, Licht, Flecken als optischen Faktoren und durch eine neue Betonung des Technischen und des künstlerischen Aus= drucks gekennzeichnet. Zuletzt gewinnt die künstlerische Sprache als solche, der Ausdruck des Künstlers eine Eigen= bedeutung und den der Natur abgesehenen Oberflächen= reizen des Impressionismus folgen die in Farbe und Form von der Natur unabhängigen Konstruktionen des Kubismus.

LEIPZIG · VERLAG B. G. TEUBNER · BERLIN

Geschichte der bildenden Künste
Eine Einführung von Dr. E. Cohn-Wiener. Mit zahlr. Abbildungen.
[In Vorbereitung 1925.]

Das Buch will nicht nur einen geschichtlichen Überblick, sondern zugleich möglichst viel vom Wesen der Kunst und des Kunstwerkes geben. Es sucht neben dem bloßen Wissen die Freude am Kunstwerk zu vermitteln, erkennen zu lassen, daß hinter dem Werk der Künstler als schöpferische Persönlichkeit steht. Seine Aufgabe, der Selbstbelehrung und als Lehrbuch zu dienen, sucht es nicht zu lösen, indem es durch oberflächliche Behandlung eines verwirrenden Vielerlei „mitzureden" befähigt, sondern durch eingehende, Bildhaftigkeit und Anschaulichkeit anstrebende Besprechung der behandelten Kunstwerke sucht es dem Leser den inneren Gehalt der Kunstepochen so vor Augen zu stellen, daß er auch die Werke, die das Buch selbst nicht erwähnen kann, zu verstehen vermag. Auch die Kunst des Orients findet eine ihrer Bedeutung entsprechende Berücksichtigung. Eine reiche Zahl von Abbildungen — darunter auch farbige — dient der Anschaulichkeit.

Elementargesetze der bildenden Kunst
Grundlagen einer praktischen Ästhetik von Prof. Dr. Hans Cornelius.
3., verm. Aufl. Mit 245 Abb. im Text u. 13 Taf. Geh. M. 8.—, geb. M. 10.—

„Wir haben hier zum ersten Male eine zusammenfassende, an zahlreichen einfachen Beispielen erläuterte Darstellung der wesentlichsten Bedingungen, von denen namentlich die plastische Gestaltung in Architektur, Plastik u. Kunstgewerbe abhängt." (Zeitschr. f. Ästhetik.)

Die bildenden Künste
Ihre Eigenart und ihr Zusammenhang.
Vorlesung von Geh. Reg.-Rat Prof. Dr. Karl Doehlemann. Geh. M. —.80

„Eine tiefgründige Besprechung der bildenden Künste — Malerei, Plastik und Architektur umfassend — in durchweg anregender Form. Die Fachwelt wie die gebildeten Stände werden die Schrift mit hoher Befriedigung aufnehmen." (Wiener Bauindustrie-Ztg.)

Grundbegriffe der Kunstwissenschaft
Am Übergang vom Altertum zum Mittelalter kritisch erörtert und in systematischem Zusammenhang dargestellt von Geh. Hofrat Prof. Dr. A. Schmarsow. Geh. M. 12.—, geb. M. 14.—

„Schmarsows Werk gehört zu denjenigen Arbeiten, die für jeden, der zu den allgemeinen Fragen der Ästhetik und Kunstwissenschaft Stellung nehmen will, unentbehrlich sind. Erwachsen aus den gründlichen Studien zur Geschichte der spätantiken Kunst, erstrebt es allenthalben eine philosophische Besinnung über die Grundbegriffe, welche die Entwicklung der Kunst in dieser sowohl von der klassischen Archäologie wie von der neueren Kunstgeschichte noch nicht erschöpfend behandelten Übergangszeit erklärlich machen."
(Vierteljahrsschrift für wissenschaftliche Philosophie.)

Die Begründung der modernen Ästhetik und Kunstwissenschaft durch Leon Battista Alberti
Eine kritische Darstellung als Beitrag zur Grundleg. der Kunstwissenschaft. Von Prof. Dr. W. Flemming. Geh. M. 4.—

„Wer sich in das Studium der Schriften des genialen Florentiners vertiefen will, der findet in Flemming einen kenntnisreichen Führer und Dolmetscher."
(Blätter für das bayer. Gymnasialschulw.)

Unser Verhältnis zu den bildenden Künsten
Von Geh. Hofrat Prof. Dr. A. Schmarsow. Geh. M. 2.40, kart. M. 3.40

„Schmarsow entwickelt seine Anschauung über das Verhältnis der Künste zueinander um zu zeigen, wie jede einzelne einer besonderen Seite der menschlichen Organisation entspreche, wie darum auch alle Künste eng miteinander verknüpft sind, da alle von einem Organismus ausstrahlen." (Deutsche Literaturzeitung.)

Verlag von B. G. Teubner in Leipzig und Berlin

Kunstgeschichtliches Wörterbuch
Von Dr. H. Vollmer. (Teubners kl. Fachwörterbücher.) [In Vorb. 25.]

Psychologie der Kunst
Von Dr. R. Müller-Freienfels. Bd. I: Allgemeine Grundlegung und Psychologie des Kunstgenießens. Mit 10 Tafeln. 3. Aufl. Geb. M. 7.— Bd. II: Psychologie des Kunstschaffens und der ästhetischen Wertung. Mit 7 Tafeln. 2. umgearb. u. verm. Aufl. Geh. M. 6.—, geb. M. 8.—

„Ein kurzer Überblick vermag das Werk von Müller-Freienfels nicht annähernd zu erschöpfen. Es hat den großen Vorzug, daß nicht nur der Fachgelehrte, sondern auch der Laie und besonders der Schaffende eine Fülle von Anregung empfangen und rechtfertigt schon dadurch den Standpunkt, daß eine psychologische Ästhetik gegenüber der früheren zum Objektiven den Fortschritt bedeutet." (Literarisches Echo.)

Der Goldene Schnitt
Von Prof. Dr. H. E. Timerding. Mit 16 Figuren im Text. 2. Aufl. (Math.-physik. Bibl. Bd. 32.) Kart. M. 1.—

„Der Leser findet hier eine mustergültige Entwicklung eines mathematischen Kapitels, das er sonst, auch heute noch vielfach, nur in der starren euklidischen Form seines Lehrbuches kennen gelernt hat." (Zeitschrift für den mathemat. u. naturw. Unterr.)

Die Entwicklungsphasen der neueren Baukunst
Von Prof. Dr. Paul Frankl. Mit 74 Abb. Geh. M. 6.40, geb. M. 8.—

Inhalt: Problem u. Methode. Die Entwicklungsphasen der Raumform — der Körperform — der Bildform — der Zweckgesinnung. Das Unterscheidende u. Gemeinsame der 4 Phasen.

„Dem Verfasser gebührt das Verdienst, einen äußerst klaren Einblick in den inneren Zusammenhang der architektonischen Schöpfungen gewährt und mit seinen Ausführungen den Schlüssel zur vergangenen Entwicklung der Architektur wie für das Verständnis des lebendigen Schaffens der Gegenwart geboten zu haben." (Deutsche Literaturzeitung.)

Dürers 'Melencolia · I'
Eine quellen- und typengeschichtliche Untersuchung. Von E. Panofsky und F. Saxl. (Stud. der Bibl. Warburg II.) Kart. M. 12.—, geb. M. 15.—

Die Arbeit setzt die Bemühungen um Deutung und historisches Verständnis der Dürerschen „Melancholie" auf den von Karl Giehlow und A. Warburg gewiesenen Wegen fort.

Der Landschaftsmaler Joh. Alexander Thiele
u. seine sächsischen Prospekte. Von Landgerichtsrat Dr. M. Stübel. Text mit 15 Abb. und 30 Lichtdrucktaf. In Mappe M. 20.—

Thieles Einfluß hat sich bis auf Richter und dessen Schule erstreckt. Seine Radierungen sind die ersten künstl. deutschen Landschaftsblätter des 18. Jahrh. Das Buch beschäftigt sich mit Thieles Leben und Werken vom kunst- und kulturgeschichtl. Standpunkt aus. Im 2. Teil sind auf 30 Lichtdrucktafeln sächsische Prospekte wiedergegeben und ausführlich beschrieben.

Ludwig Richter und Goethe
Von Oberstudiendirektor Dr. F. Breucker. Mit zahlr. Abb. [U. d. Pr. 25.]

Das Buch — mit mehr als 50 Abbildungen ausgestattet — zeigt Ludwig Richter als Menschen und Künstler von einer neuen Seite: in seinem Verhältnis zur Persönlichkeit Goethes. Der Meister idyllischer Zeichenkunst steht vor uns als ein sehr eigenartiger und humorvoller Umdeuter eines dämonischen Dichters.

Verlag von B. G. Teubner in Leipzig und Berlin

Aus Natur und Geisteswelt
Sammlung wissenschaftlich-gemeinverständlicher Darstellungen aus allen Gebieten des Wissens. Jeder Band geb. M. 2.—

Zur Geometrie und zum geometrischen Zeichnen sind bisher erschienen:

**Geh. Studienrat P. Crantz:
Planimetrie zum Selbstunterricht.** 3. Aufl. Mit 94 Fig. im T. (Bd. 340)

Die Darstellung ist einfach und klar gehalten, ohne dabei der wissenschaftlichen Strenge zu entbehren. Zahlreiche Aufgaben mit zumeist durchgeführter Lösung und beigegeben. Die einzelnen Sätze sind überall mit praktischen Anwendungen verbunden.

Ebene Trigonometrie zum Selbstunterricht. 3. Auflage. Mit 50 Fig. im Text. . . (Bd. 431)

Will in leicht verständlicher Weise mit den Grundlehren der Trigonometrie bekannt machen. Vollständig gelöste Aufgaben und praktische Anwendungen sind zur Erläuterung eingefügt.

Sphärische Trigonometrie zum Selbstunterricht. Mit 27 Fig. im Text . . . . . (Bd. 605.)

Behandelt als Ergänzung zur „Ebenen Trigonometrie" die besonderen Eigenschaften des sphärischen Dreiecks und seine Anwendungen in der Erd- und Himmelskunde an zahlreichen ausführlich erklärten Beispielen und Aufgaben

Analytische Geometrie der Ebene zum Selbstunterricht. 3. Aufl. Mit 55 Fig. im Text. (Bd. 504)

Die für den Selbstunterricht bestimmte leichtverständliche Darstellung führt namentlich durch Beigabe zahlreicher ausführlich gelöster Aufgaben rasch zu völliger Beherrschung des Stoffes.

Einführung in die darstellende Geometrie. Von Studienrat Prof. P. B. Fischer. Mit 59 Fig. im Text. (Bd. 541.)

Als Anleitung für den Selbstunterricht bietet der Band die Grundlehren an der Hand der wichtigsten Aufgaben, die sich auf alle Gebiete der darstellenden Geometrie erstrecken.

Geometrisches Zeichnen. Von akad. Zeichenlehrer A. Schudeisky. Mit 172 Abb. im Text und 12 Tafeln. (Bd. 568.)

Bietet zuverlässige Belehrung über die wichtigsten geometrischen Konstruktionen, deren Anwendung und die zeichnerische Darstellung flächenhafter Gebilde in verschiedenen Maßstaben.

Grundzüge der Perspektive nebst Anwendungen. Von Geh. Reg.-Rat Prof. Dr. K. Doehlemann. 2. Aufl. Mit 91 Fig. u. 11 Abb. . . . (Bd. 510.)

Das als Anleitung für den Selbstunterricht gedachte Bändchen sucht unter Vermeidung aller schwierigeren mathematischen Ableitungen anschauungsweise eine Einsicht in den Vorgang der perspektivischen Abbildung wie das Verständnis der „freien Perspektive" zu vermitteln.

Projektionslehre. Von akad. Zeichenl. A. Schudeisky. 2. Aufl. Mit 165 Abb. (Bd. 564.)

„Vom Leichten zum Schweren übergehend, baut sich der gewiß nicht einfache Stoff leicht und sicher auf; durch eine Reihe von Aufgaben und eine Anleitung zu deren Lösung wird der Lerneifer wesentlich gefordert. Zudem erleichtert der klare Text das Studium außerordentlich." (Der Profanbau.)

Der Weg zur Zeichenkunst. Von Oberstudiendirektor Dr. E. Weber. Ein Büchlein für theoretische und praktische Selbstbildung. 3. Aufl. Mit 84 Abb. und 1 farb. Tafel . . . . . (Bd. 430.)

Gibt eine kurzgefaßte Theorie der zeichnerischen Darstellung und eine durch zahlreiche Abbildungen erläuterte Anleitung zum Selbstunterricht, die, ausgehend von der flächenhaften Darstellung, die körperliche und farbige Darstellung behandelt und schließlich die Frage des künstlerischen Vorbildes erörtert.

Zur Kunst sind bisher erschienen:

Ästhetik. Von Professor Dr R. Hamann. 2. Aufl. . . (Bd. 345.)

„H. hat das, was seit Kant so vielen deutschen Ästhetikern abgegangen ist, ein wirklich innerliches, persönliches Verhältnis zur Kunst, und das macht sein Buch so wertvoll."
(Jahresbericht für neuere deutsche Literaturgeschichte.)

Bau u. Leben der bildend. Kunst. Von Direktor Prof. Dr. Th. Volbehr. 2. Aufl. Mit 44 Abb. . . . (Bd. 68.)

„Das Buch führt in allgemeinverständlicher Darstellung in das Verständnis der Künstlerpersönlichkeit als des für die Kunst entscheidenden Faktors ein. Die Entwicklung eigener Ansichten verleiht dem feinsinnigen Buche hohen Reiz." (Z. f. d. gewerbl. Unterr.)

Verlag von B. G. Teubner in Leipzig und Berlin

Aus Natur und Geisteswelt
Sammlung wissenschaftlich-gemeinverständlicher Darstellungen
aus allen Gebieten des Wissens. Jeder Band geb. M. 2.—

Zur Kunst sind bisher erschienen:

Das Wesen der deutschen bildenden Kunst. Von Geh. Rat Prof. Dr H. Thode . . (Bd. 585.)
Eine eingehende Charakteristik der Eigentümlichkeiten deutschen bildenden Schaffens und deren Erklärung aus der Wesensanlage unseres Volkes, die an Einzelbeispielen zeigt, wie in dieser die künstlerischen Anschauungen, die Wahl und Auffassung des Gegenständlichen und die stilistischen Erscheinungen begründet sind, und auf Grund solcher Erkenntnis die Stellung und Bedeutung unserer bildenden Kunst der antiken und der romanischen gegenüber bestimmt.

Die Entwicklungsgeschichte der Stile in der bildenden Kunst. Von Dr. G. Cohn-Wiener. 3 Auflage. I. Band: Vom Altertum bis zur Gotik. Mit 69 Abb. II. Band: Von der Renaissance bis zur Gegenwart. Mit 46 Abb. (Bd. 317/18.)
„Die beiden Bändchen bilden einen sehr inhaltreichen u. schönen Lehrgang von der altägyptischen Kunst u. dem kretischen Impressionismus an bis auf die mannigfach verwickelten künstlerischen Bestrebungen unserer Tage. (Zeitschr. für das Realschulwesen.)

Pompeji, eine hellenistische Stadt in Italien. Von Prof. Dr. Fr. v Duhn. 3. Aufl. Mit 62 Abb. im Text und auf 1 Tafel, sowie 1 Plan . . (Bd. 114.)
„Es ist ein Entzücken, des Meisters Worten zu lauschen, wie er da in großen Zügen die vorgriechischen Kulturen schildert, die weitausgreifenden Völkerbewegungen ums Mittelmeer herum vorüberziehen läßt, schließlich, die Kreise immer enger ziehend, beim Gegenstand seines Buches landet." (Kunst u. Handw.)

Deutsche Baukunst. Von Geh. Reg.-Rat Prof. Dr. A. Matthaei. Bd. I: Von den Anfängen bis zum Ausgang der romanischen Baukunst. 5.Aufl. Mit zahlr.Abb. [II. d. Pr. 25.] Bd. II: Gotik und „Spätgotik". 4 Aufl. Mit 67 Abb. im Text u. 3 Tafeln. Bd. III: Baukunst in der Renaissance- und Barockzeit bis zum Ausgang des 18. Jahrhunderts. 2. Aufl. Mit 63 Abb. Bd. IV: Deutsche Baukunst im 19. Jahrhundert u. in der Gegenwart. 2.Aufl. Mit 40 Abb. . . (Bd. 8, 9, 326, u. 781.)
„Die Bändchen werden besonders wertvoll durch die trotz aller Knappheit meisterhaft durchgeführte Entwicklung der Stile aus ihren geschichtlichen Grundlagen heraus."
(Vergangenheit und Gegenwart.)

Die Renaissancearchitektur in Italien. Von Prof. Dr. P. Frankl. I. Teil. Mit 12 Tafeln u. 27 Textabb. . . (Bd. 381.)
„Das Bändchen ist den wichtigsten Erscheinungen über die italienische Renaissancearchitektur beizuzählen."
(Bau-Rundschau.)

Die altdeutschen Maler in Süddeutschland. Von H. Nemitz. Mit Bilderanhang . . . . (Bd. 464.)

Albrecht Dürer. Von Prof. Dr. R. Wustmann. 2. Aufl. v. Geh. Reg.-Rat Prof. Dr. A. Matthaei. Mit 1 Titelbild u. 31 Abb. i. T. (97.)
„Ob Dürers Kunst schön ist, weiß ich nicht, aber sie hat von allem, was gemalt worden ist, den meisten Charakter.' In dies Charakteristische ist Verf. in seltenem Maße eingedrungen, u. etwas von diesem Charakter ist in Auffassung u. Stil selbst zu spüren. In d. ganzen Buch überall tiefgrabende Arbeit, die auch der Forschung Anregung geben wird." (Voss. Ztg.)

Rembrandt. Von Prof.Dr.P.Schubring. 2.Aufl. M 48 Abb. auf 28 Taf. im Anhang. (158.)
„Das fesselnd geschriebene Büchlein, das bei aller knappen Fassung einen trefflichen Überblick über den menschlichen und künstlerischen Entwicklungsgang R.s bietet, kann als Einführung in dessen Studium wärmstens empfohlen werden."(Schauen.Schaffen.)

Niederländische Malerei im 17. Jahrhundert. Von Prof. Dr. H. Jantzen. [In Vorb. 1925.] . . . . (Bd. 873.)

Die Maler des Impressionismus. Von Prof. Dr. B. Lázár. 2. Aufl. Mit 32 Abbildungen auf 16 Tafeln. (Bd. 395.)
Betrachtet werden und Wesen des Impressionismus bis in die jüngste Zeit, mit besonderer Betonung der geschichtlichen Entwicklung und mit Charakterisierung aller großen impressionistischen Maler der Neuzeit.

Die dekorative Kunst des Altertums. Eine populäre Darstellung von Dr. Fred. Poulsen. Autoris Übersetzung aus dem Dänischen von Dr. Oswald Gerloff. Mit 112 Abbildungen . . . . . (Bd. 451.)

Die künstlerische Photographie. Ihre Entwicklung, ihre Probleme, ihre Bedeutung. Von Studienrat Dr. W. Warstat 2, verb. Aufl. Mit einem Bilderanhang. (410.)

Verlag von B. G. Teubner in Leipzig und Berlin

Zum Zeichen- und Arbeitsunterricht

Die Erziehung der Anschauung. Von Prof. H. E. Timerding. Mit 164 Fig. Geh. M. 6.20, geb . . . . . M. 7.60
„Das Buch verdient das volle Interesse aller Schulmänner, insbesondere der Mathematiker, Naturwissenschaftler und Lehrer für das Zeichnen." (Bl. f. d. bayr. Gymn.-Schulw.)

Skizzierbüchlein. Landschaftsskizzieren für Jedermann. Von F. Distler. 3. Aufl. Mit 41 Abb. Kart. . . . . . M. —.80
„Distler hat seine Aufgabe sehr gut gelöst Seine Gedanken und seine Methoden sind ausgezeichnet. Und da die Skizze nicht nur Grundlage des Kunstwerks ist, sondern etwas, was jeder beherrschen sollte und gut gebrauchen kann, so dürfen wir dieses Skizzierbüchlein herzlich begrüßen." (Volkskunst.)

Leitfaden für d. neuzeitlichen Linearzeichenunterricht. Bearb. von Zeichenlehrer A. Schudeisky. Handbuch für den Schüler. Mit 96 Fig. im Text. Kart. . . . . . M. —.70
Das Buch ist zur Ergänzung des Unterrichts sowohl an allgemeinbildenden wie an gewerblichen Schulen bestimmt und will dem Lehrer helfen, die zeitraubenden Wiederholungen der Anfangsgründe zeichnerischer Ausdrücke möglichst abzukürzen. Es enthält alles, was der Schüler über Handfertigkeit, projektivische Darstellung und Zeichenmaterial wissen muß.

Die Technik d. Tafelzeichnens. Von Oberstudiendirektor E. Weber. Mit 5 Illustrat. i. Text u. 25 Tafeln. 6. Aufl. M. 6.—
„Wer nur etwas zeichnerisch begabt ist, wird vieles nachmachen können, vor allem Anregung für eigene Zeichnungen, manchen Hinweis zur Vermeidung von Fehlern u. — viel Freude am Zeichnen erhalten." (Wissensch. u. Schule.)

Wandtafel und Kreide im Elementarunterricht. Gedächtniszeichnungen mit erlt. Text. Von Lehrer A. Othmer. 3. u. 4. Aufl. Mit 21 Tafeln. In Mappe M. 6.—
„Das Buch ist das Beste auf dem Gebiet des Wandtafelzeichnens, es ist ein Stück lebendigst. Ausdruckskultur." (Ver. gepr. Zeichenl.)

Angewandtes Zeichnen besonders im Schülerheft. Von Oberstudiendirektor Dr. E. Weber. 2. veränderte Aufl. Mit zahlr. Abbildungen. [U. d. Pr. 1925.]
„Ich bin der festen Überzeugung, daß die Schrift ihr gut Teil beitragen wird zur Klärung der heute noch verworren und extrem sich bekämpfenden Auffassungen und Richtungen; denn sie ist die klare, in sich geschlossene, begründete Stellungnahme eines für den Lehrerberuf in seltenem Grade begabten Lehrers und aufgebaut auf eine mehr als durchschnittliche Herrschaft über das rein Technische des Faches."
(Zeitschrift für pädag. Psychologie und experimentelle Pädagogik.)

Schulzeichnen auf Grund elementarer Perspektive. Von Zeichenlehrer und Kunstmaler H. Hegnauer. Mit 18 Tafeln. In Mappe M. 6.—
„Die Beispiele sind glücklich gewählt. Sie regen die kindliche Phantasie an und erfreuen das Auge." (Monatsschr. f. kath. Lehrerin)

Das darstellende u. schmückende Zeichnen in d. Volksschule auf Grundlage d. Arbeitsidee. Mit Lehrplanskizze von Paul Wendler. Mit 9 Taf. (1 farbige) und 4 Abb. Geh. . M. 2.—

Zeichnen fürs werktätige Volk. Seine Grundlage in der Volksschule. Von Berufsschulleiter u. staatl. Berufsschulrevisor H. Knapp. [Erscheint Ende 1925.]

Künstlerischer Wandschmuck für Haus u. Schule

Teubners Künstlersteinzeichnungen. Wohlfeile farbige Originalwerke erster deutscher Künstler fürs deutsche Haus. Die Sammlung enthält jetzt über 200 Bilder in den Größen 100×70 cm (M. 10.—), 75×55 cm (M. 9.—), 103×41 cm, 93×41 cm und 55×42 cm (M. 6.—), 60×50 cm (M. 8.—), 41×30 cm (M. 4.—). Rahmen aus eigener Werkstätte in den Bildern angepaßten Ausführungen äußerst preiswürdig.

„Es läßt sich kaum noch etwas zum Ruhme dieser wirklich künstlerischen Steinzeichnungen sagen, die nun schon in den weitesten Kreisen des Volkes allen Beifall gefunden und von den anspruchsvollsten Kunstfreunden ebenso begehrt werden, wie von anderen, deren Wunsch es längst war, das Heim mit einem farbigen Original zu schmücken." (Kunst für Alle.)

Ausführlicher illustrierter Katalog. Neue Ausgabe mit gegen 200 Abb. auf bestem Kunstdruckpapier M. —.75 (hierzu Porto) vom Verlag Leipzig, Poststraße 3

Verlag von B. G. Teubner in Leipzig und Berlin

Mathematisch-Physikalische Bibliothek

Fortsetzung der 2. Umschlagseite

Konstruktionen in begrenzter Ebene. Von P. Zühlke. (Bd. 11.)
Einführung in die projektive Geometrie. Von M. Zacharias. 2. Aufl. (Bd. 6.)
Funktionen, Schaubilder, Funktionstafeln. Von A. Witting. (Bd. 48.)
Einführung in die Nomographie. Von P. Luckey. I. Die Funktionsleiter. 2. Aufl. (Bd. 28.) II. Die Zeichnung als Rechenmaschine. (Bd. 37.)
Theorie und Praxis des logarithmischen Rechenstabes. Von A. Rohrberg. 3. Aufl. (Bd. 23.)
Mathematische Instrumente. Von W. Zabel. I. Hilfsmittel und Instrumente zum Rechnen. II. Hilfsmittel und Instrumente zum Zeichnen. [U. d. Pr. 1925.] (Bd. 59 u. 60.)
Die Anfertigung mathematischer Modelle. (Für mittlere Klassen.) Von K. Giebel. 2. Aufl. (Bd. 16.)
Karte und Kroki. Von H. Wolff. (Bd. 27.)
Die Grundlagen unserer Zeitrechnung. Von A. Barneck. (Bd. 29.)
Die mathematischen und physikalischen Grundlagen der Musik. Von J. Peters. (Bd. 55.)
Die mathematischen Grundlagen der Variations- und Vererbungslehre. Von P. Riebesell. (Band 24.)
Mathematik und Biologie. Von M. Schips. (Bd. 42.)
Mathematik und Malerei. 2 Bände in 1 Band. Von G. Wolff. 2. Aufl. (Bd. 20 u. 21.)
Die mathematischen Grundlagen der Lebensversicherung. Von H. Schütze (Bd. 46.)
Beispiele zur Geschichte der Mathematik. Von A. Witting u. M. Gebhardt. 2. Aufl. (Band 15.)
Archimedes. Von A. Czwalina. (Bd. 64.)
Wie man einstens rechnete. Von E. Fettweis. (Bd. 49.)
Rechnen der Naturvölker. Von E. Fettweis. [In Vorb. 1925.]
Mathematiker-Anekdoten. Von W. Ahrens. 2. Aufl. (Bd. 18.)
Die Quadratur des Kreises. Von E. Beutel. 2. Aufl. (Bd. 12.)
Wo steckt der Fehler? Von W. Lietzmann und V. Trier. 3. Aufl. (Bd. 52.)
Trugschlüsse. Gesammelt von W. Lietzmann. 3. Aufl. (Bd. 53.)
Geheimnisse der Rechenkünstler. Von Ph. Maennchen. 3. Aufl. (Bd. 13.)
Riesen und Zwerge im Zahlenreiche. Von W. Lietzmann. 2. Aufl. (Bd. 25.)
Die Fallgesetze. Von H. E. Timerding. 2. Aufl. (Bd. 5.)
Kreisel. Von M. Winkelmann. [In Vorb. 1925.]
Optik. Von E. Günther. [U. d. Pr. 1925.]
Atom- und Quantentheorie. Von P. Kirchberger. I. Atomtheorie. II. Quantentheorie. (Bd. 44 u. 45.)
Ionentheorie. Von P. Bräuer. (Bd. 38.)
Das Relativitätsprinzip. Leichtfaßlich entwickelt von A. Angersbach. (Bd. 39.)
Drahtlose Telegraphie und Telephonie in ihren physikalischen Grundlagen. Von W. Ilberg. (Bd. 62.)
Dreht sich die Erde? Von W. Brunner. (Bd. 17.)
Theorie der Planetenbewegung. Von P. Meth. 2., umgearb. Aufl. (Bd. 8.)
Mathematische Himmelskunde. Von O. Knopf. [U. d. Pr. 1925.] (Bd. 63.)
Beobachtung des Himmels mit einfachen Instrumenten. Von Fr. Rusch. 2. Aufl. (Bd. 14)
Grundzüge der Meteorologie, ihre Beobachtungsmethoden und Instrumente. Von W. König. [In Vorb. 1925.]
Mathem. Streifzüge durch die Geschichte der Astronomie. Von P. Kirchberger. (Bd. 40.)

Verlag von B. G. Teubner in Leipzig und Berlin

MIX
Papier aus verantwortungsvollen Quellen
Paper from responsible sources
FSC® C105338

If you have any concerns about our products,
you can contact us on
ProductSafety@springernature.com

In case Publisher is established outside the EU,
the EU authorized representative is:
**Springer Nature Customer Service Center GmbH
Europaplatz 3, 69115 Heidelberg, Germany**

Printed by Libri Plureos GmbH
in Hamburg, Germany